U0963202

动物伪装大师

〔德〕玛尔蒂娜·吕特尔 著
尹倩 译

河南科学技术出版社
·郑州·

亲爱的动物小侦探们：

本书将为大家呈现30多种动物界的伪装大师，等着大家去发现。跟着我们“绕着”地球来一次有趣的旅行，认识一下动物界中那些聪明绝顶的伪装大师以及它们特殊的伪装和隐藏本领。

在介绍每一种动物前，我们都会先给大家呈现一张精美的整版大图。在这张图中，隐藏着某种动物，小朋友们可以试试自己的眼力。翻到下一页，就可以找到答案了，小朋友们可以清楚地看到它藏在哪里了。

接下来，我们将会用数据简要地说明该动物的体貌特征，此外，我们还将向大家呈现它的独一无二的藏身技巧、栖息环境、天敌和特点等相关知识。

希望大家在探索和发现中享受乐趣！

目　录

蝗虫

- **体长：** 3~4厘米
- **体色：** 绿色、黄褐色
- **栖息环境：** 欧洲和亚洲的路边、林间、花园中和草地上
- **食物：** 禾本科植物
- **天敌：** 蝙蝠、鸟、蜘蛛和蚂蚁
- **寿命：** 大约7个月

翠如青草

小朋友们碰到过下面的情况吗？当你在及膝高的草丛中奔跑时，突然有一个绿色的东西从草丛中跳到你面前，然后挥挥翅膀，又消失在草丛中。那很有可能是一只蝗虫。

蝗虫通常为绿色，背部有一道棕色的条纹，从头部起，一直延伸至后腹部。蝗虫属蝗科，善于隐藏和伪装。在草地和田间，我们很难辨认出它们——因为它们身体的颜色和草色能够很好地融为一体。

你知道吗？

长着“马头”的飞行高手

蝗虫的德文是“Heupferd”，其中“pferd”是马的意思，这是因为蝗虫的头看起来跟马头非常像。与马不同的是，蝗虫可是飞行高手。

仔细听！

蝗虫的翅膀通常呈浅绿透明状，很难辨认出。唯一能暴露它们身份的就是它们的唧唧叫声了。雄性蝗虫正是凭借这种叫声来吸引雌性蝗虫。所以要想发现它们就只有竖起耳朵仔细倾听了。

俗语解读

德国有一句俗语："蝗虫有马的牙齿、狼的胃口和鸵鸟的肠道。"这句俗语恰如其分地描述了蝗虫家族（蝗科）。它们的头部看起来与马头非常相似，胃口好得出奇，就像狼一样，而消化能力则跟肠道有14米长的鸵鸟一样好。

没有危险的刺

雌性蝗虫身上有一根刺，但这根刺一点儿都不危险。它长2~3厘米，实际上是蝗虫的产卵管。交配之后，雌性蝗虫会将产卵管插入疏松的泥土中，然后将卵产下。

用腿听声辨音

蝗虫没有耳朵，尽管如此，它们仍然能将外界的声响尽收"耳"底——它们是靠前足胫节来听声辨音的。在它们前足胫节处分布着许多细小的缝隙，可以用来接收声音。此外，蝗虫还能感知到微小的震动。当有人靠近时，它们就会立刻停止叫声，葱郁的草丛中顿时寂静无声。

白钩蛱蝶

- **成虫体长：** 大约2厘米
- **翅展宽度：** 4~5厘米
- **成虫体色：** 翅膀正面为橙色，分布有黑色、棕色或黄色的斑点
- **幼虫体长：** 大约3厘米
- **幼虫体色：** 红黑条纹相间，后腹部为白色
- **栖息环境：** 欧洲、北非和亚洲的林边以及花园中
- **食物：** 花蜜（成虫），叶子（幼虫）
- **天敌：** 鸟、昆虫
- **寿命：** 大约2个月（幼虫），1~10个月（成虫）

识别标志：C

在花园中或草地上我们都可以看到白钩蛱蝶的身影。白钩蛱蝶的翅膀边缘像破损了一样，翅膀反面为深棕色、浅棕色、灰色或黄色，中部都有一个小小的白色“C”形图案，这也是我们识别它们的标志。它们的翅膀正面为橙色，并分布有黑色、棕色或黄色的斑点。

你知道吗？

蝴蝶的变态发育

蝴蝶要经历四个成长发育阶段：先从卵变成幼虫，再从幼虫变成蛹，最后化茧为蝶。在这一过程中，它们的形态发生了本质的变化。这一过程被称为变态发育。

俗语解读

德国有一句俗语："像蝴蝶一样反复无常。"通常用来形容急躁不安、变化无常的人。因为蝴蝶往往不会在同一个地方停留很长时间，它们总是急匆匆地拍着翅膀飞向别处。

幼虫

白钩蛱蝶的幼虫为红黑条纹相间，只有后腹部是白色的。此外它们身上还布满了刺，这些刺会让它们的天敌在捕食时有所顾忌。

伪装方式

白钩蛱蝶合拢翅膀后看起来就像一片干枯的叶子。它们的蛹看起来也像干瘪的叶子。此外，蝶蛹身上还布满了银色的亮点，光线直射时会闪闪发光，这样看起来蝶蛹就像一个空壳一样。通过这些伪装方式，白钩蛱蝶可以保护自己不受鸟类、昆虫等天敌吞食。

食物

白钩蛱蝶主要以开花植物的花蜜以及各种水果的果汁为食。它们的幼虫则主要以荨麻、杂草、榆树叶等为食。

大角羊

- 体长：1.5~1.8米
- 肩部高度：80~100厘米
- 尾巴长度：10~15厘米
- 体重：120千克（雄性），70千克（雌性）
- 体色：棕色略带灰色、米色
- 栖息环境：北美洲（加拿大、美国、墨西哥）山区
- 食物：杂草等草本植物
- 天敌：狼、熊、短尾猫和鹰
- 寿命：最长20年

生活在山区

大角羊是一种生活在北美洲的野生羊。它们善于攀爬，非常适应山区生活。它们米棕色的毛色与岩石融为一体，让人难以区分，从而可以帮助它们避开天敌。

毛色不断变化

大角羊的毛色一年四季都在不断变化：春天为深棕色，冬天褪成灰棕色，这样在雪地中人们就很难辨别出它们。它们皮毛的颜色随周围环境和四季变化而变化，能够起到很好的伪装和隐藏的作用。

你知道吗？

巨大而厚重的羊角

雄性大角羊的羊角可以重达14千克，长度可达80厘米。

权力之争与交配

大角羊为群居动物，大约10只生活在一起，雌雄分群而居。只有在秋天的交配期，雄性大角羊和雌性大角羊才会生活在一起。在此期间，雄性大角羊之间会频频爆发战争，它们会用强有力的羊角撞击对方。

雌性大角羊往往偏爱羊角较大的雄性。母羊的孕期为5~6个月，之后便会生下小羊，一胎一只。母羊的哺乳期大约为半年。

俗语解读

德国有一句俗语：“像羊一样愚蠢。”但这句俗语根本就是毫无道理的。虽然羊看起来总是有点儿目光呆滞、蠢蠢笨笨的，但其实它们跟其他动物一样，一点儿也不笨。

叶虫

- **体长**：6~10厘米
- **体色**：绿色、黄色、棕色或淡红色
- **栖息环境**：东南亚的森林和灌木丛中
- **食物**：树叶
- **天敌**：蝙蝠、鸟
- **寿命**：6~7个月（雄性），最长18个月（雌性）

你知道吗？

完美的“复制品”

叶虫的体态和颜色看起来与真正的树叶无异，完全可以迷惑它们的天敌。这种模拟环境中其他物体——如石头、叶子或树枝的伪装方式，在生物学上被称为拟态。

树叶？或者不是？

叶虫之所以叫叶虫，并不仅仅因为它们看起来像叶子，还因为它们具有动物界最好的伪装本领：它们的身体边缘呈锯齿状，仿佛被“咬过”，身上布满了棕色的斑点和条纹，看起来很像叶脉。

逃过天敌的眼睛

叶虫不仅仅从外形上看起来像叶子，它们的行为举止也很具有迷惑性：移动时，它们会轻轻地来回摆动，就像叶子随风摇摆一样。这样，它们的天敌就会被迷惑，完全忽略了这种潜伏在真正叶片中的昆虫。

没有“爸爸”也没问题

一些种类的叶虫在繁殖的过程中完全不需要雄性叶虫，雌性在产卵时完全不需要雄性的帮助，仅靠自己就能完成。

繁殖

雌性叶虫每周会产1~3枚卵。它们将卵直接产在地上，或者腹部呈“之”字形摆动后将卵抛下。

竹节虫目

叶虫属于竹节虫目。竹节虫之所以得名，是因为它们看起来就像干枯的竹节一样。

尖刺足刺竹节虫

尖刺足刺竹节虫是叶虫的近亲。它是竹节虫的一种，从外形上看很像树枝。

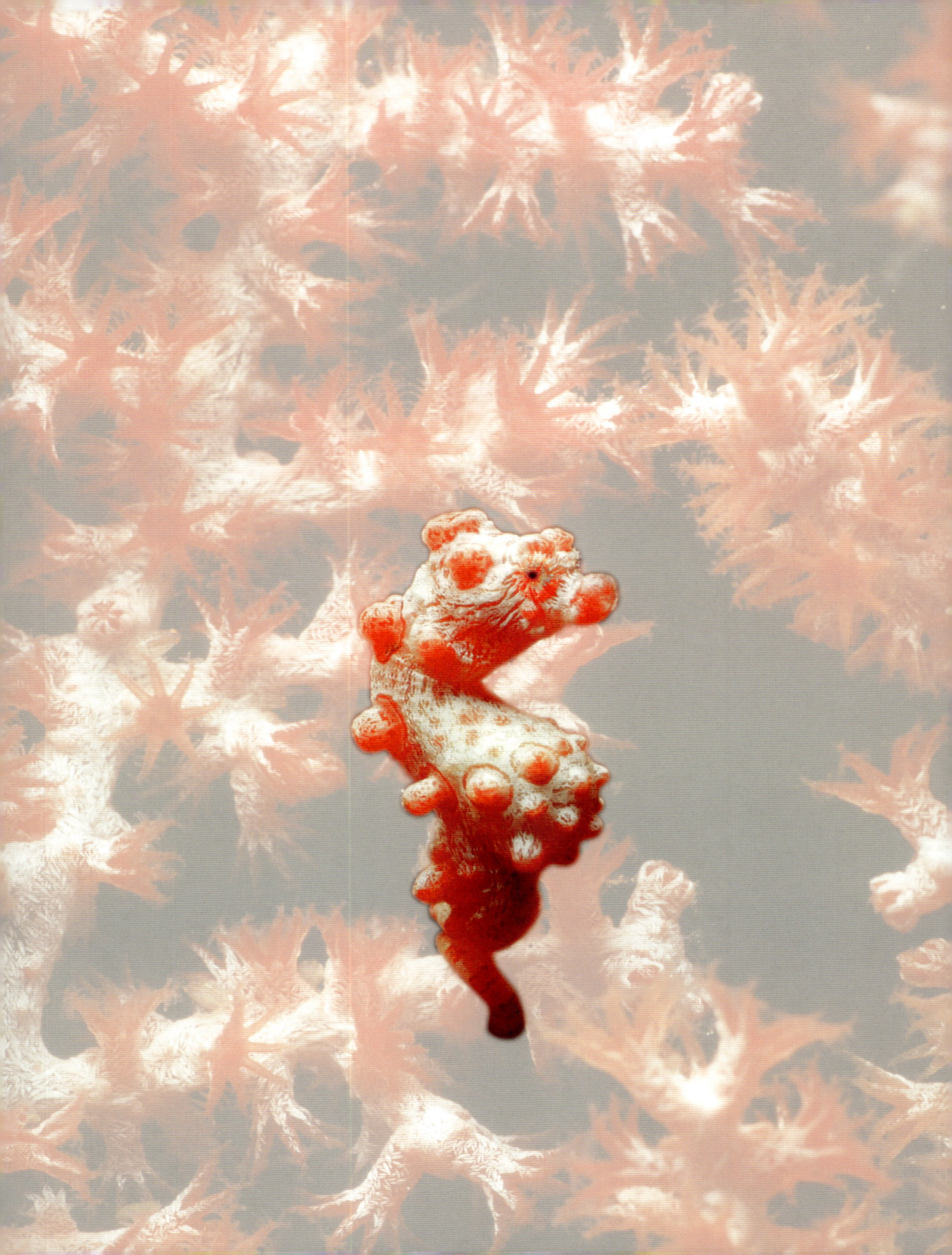

侏儒海马

- 体长：1.35（豆丁海马）~2（普通侏儒海马）厘米
- 体重：2~3克
- 体色：淡红色或橙黄色
- 栖息环境：西太平洋的珊瑚礁丛中
- 食物：浮游生物
- 天敌：鱼类
- 寿命：2~3年

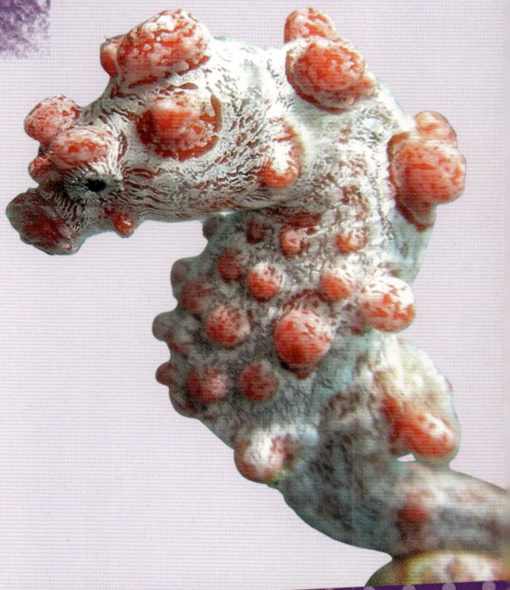

最小的海马

小朋友们在动物园或水族馆中一定见过海马。海马的头呈马头状，但后腹部又很像蠕虫。侏儒海马可分为普通侏儒海马和豆丁海马。豆丁海马是最小的海马，普通侏儒海马是第二小的海马。

完美地藏身于珊瑚礁中

侏儒海马浑身都布满了小小的肉突，看起来很像珊瑚上的珊瑚虫。此外它们身体的颜色也与珊瑚非常接近。

所以人们很难从珊瑚礁中辨认出这种体形微小的海马。它们耐心地守候在珊瑚丛中，等待经过的猎物。猎物一旦出现，它们就会以迅雷不及掩耳之势将猎物吸入嘴中。

你知道吗？

“爸爸”的工作

雄性海马将受精卵放入腹部的育儿袋中并将它们孵化成小海马。

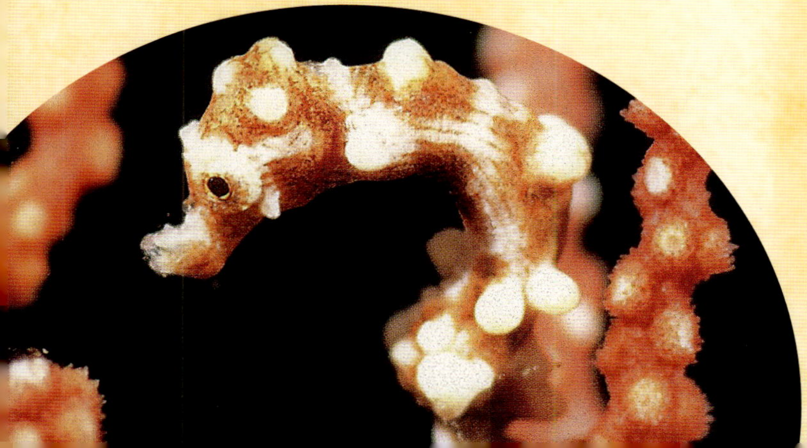

群居生活，无比忠诚

侏儒海马群居而生，它们总是将尾部固定在珊瑚上，因为它们并不擅长游泳。虽然它们直立于水中游泳，但是它们仍然属于鱼类。此外，海马“夫妻”彼此非常忠诚。雌性海马外出游泳回来之后，就会用尾巴缠绕着雄性海马，变换身体颜色翩翩起舞。

俗语解读

德国有这样一句俗语：“海马不能骑。”事实确实如此。除了头部呈马头状以外，海马和马再也没有什么其他共同之处了。

坚硬的盔甲

海马的天敌很少，因为它们穿梭于珊瑚礁中，凶猛的肉食性鱼类很难发现它们。此外，它们还有一层坚硬的“盔甲”，大多数鱼都会望而却步。

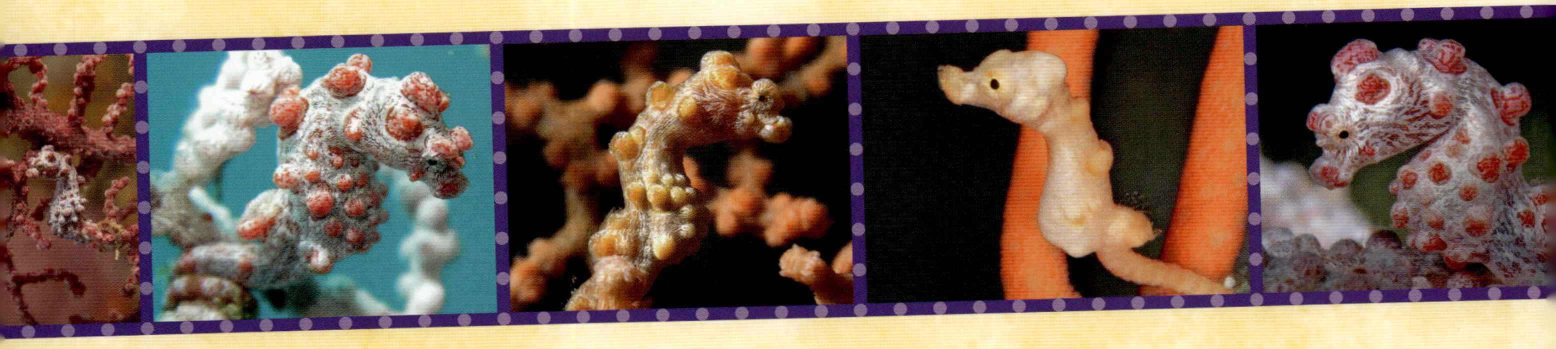

青蛙

- 体长：4~14厘米
- 体重：50~80克
- 体色：绿色、棕色
- 栖息环境：欧洲、北非和亚洲的池塘和湖泊中
- 食物：昆虫、蜗牛、蠕虫
- 天敌：鸟、蛇、哺乳动物
- 寿命：5~6年

完美的伪装

青蛙身体的颜色为绿色或棕色，后背上布满了深色的斑点。通常，它们的后背上还有一道浅绿色的线。它们的腹部为白色，并带有灰色的大理石纹。这样的外形使它们可以很好地藏身于水中、植物之间。

你知道吗？

呱呱呱

青蛙有两个声囊，分别位于口角的两边，是一层薄薄的具有弹性的膜襞。青蛙会将空气吸入声囊中。声囊越大，青蛙发出的呱呱声也就越响亮。

利弊兼有的叫声

你家附近有池塘吗？如果有，那么在春天你就一定不会错过一场“青蛙交响乐”了。雄蛙甚至靠响亮的叫声来吸引雌蛙的注意。青蛙的呱呱叫声其实也会给它们带来危险，因为这种叫声会引起它们的天敌的注意。

俗语解读

德国有一句俗语:“别像青蛙一样!”这句话是什么意思呢?如果我们对某人说这句话，那么就是希望他不要拘谨胆小。因为青蛙在水中呱呱叫个不停，但是当有人靠近时，它们马上就沉寂无声了，人们也就很难发现它们了。

时刻保持警觉

青蛙不仅善于伪装，而且它们也能注意到来犯敌人的任何微小动作。青蛙的两只大眼睛就像扣在头上的两个穹顶，可以保证它们“眼观六路”(360度视角)。它们甚至可以看到从后方靠近的敌人。

青蛙不仅“目明”，而且“耳聪”。这也可以让它们及时避开危险。此外，它们还能很好地感知地面的震动。在遇到危险时，它们会纵身一跃跳入水中，潜入淤泥或水生植物中。

从蝌蚪到青蛙

青蛙像蝴蝶一样，也有一个变态过程：从卵变成蝌蚪，最后变成青蛙。

眼镜猴

- 体长：10~20厘米
- 尾巴长度：10~30厘米
- 体重：60~160克
- 皮毛颜色：灰色、灰棕色、红棕色、橙黄色
- 栖息环境：东南亚小岛的雨林中
- 食物：昆虫、小蜥蜴、蝙蝠、鸟、青蛙、小蛇
- 天敌：巨蜥、鹰、大蛇、猫头鹰
- 寿命：10~12年

圆溜溜的大眼睛

小小的眼镜猴为什么会有那么大的眼睛呢？小朋友们一定想过这个问题。答案是这样的，因为它们是夜行性动物，拥有这样一双大眼睛能使它们在黄昏、破晓以及夜间也能清楚地看到周围的东西，白天它们则靠在树枝或树干上呼呼大睡。

你知道吗？

猴如其名

眼镜猴长着两只圆溜溜的大眼睛，看起来好像戴着一副特大的眼镜，它们也因此得名。大大的眼睛和耳朵使它们看起来活脱脱就是童话故事中走出来的小精灵。

大眼睛有助于捕猎

灰棕色的毛色使眼镜猴可以很好地隐藏自己，不被敌人发现。眼镜猴是肉食性动物，它们最喜欢的食物是昆虫。捕猎时，它们的大眼睛可就发挥大作用了。如果按照身体比例来计算，那么它们是哺乳动物中眼睛最大的。

俗语解读

德国有一句俗语："Mich laust der Affe."字面意思是猴子给我捉虱子。在动物园看猴子时，小朋友们一定注意到猴子间是如何相互捉虱子的。眼镜猴也喜欢这样做。猴子间相互捉虱子可以增强它们的归属感。它们通过相互抚摸和捉虱子的行为来表达好感和团结。

灵敏的听觉

为了在昏暗的环境中捕捉猎物，眼镜猴需要灵敏的感官。这种体形娇小的猴子不仅"目明"，而且"耳聪"，这在它们捕猎的过程中发挥了重要的作用。它们的大耳朵会不时地扇动，不会错过任何一点声音。

擅长跳跃

眼镜猴的后腿非常长，所以它们具有极好的弹跳力，一下可以跳到两三米之外。它们尤其喜欢在树枝之间来回跳跃。它们细长的手指可以牢牢地抓住树枝。

变色龙

- **体长**：16毫米~70厘米
  （品种不同，体长差异较大）
- **体重**：0.2~400克
- **栖息环境**：非洲（马达加斯加）、南欧、亚洲的树林、灌木丛中以及地面上
- **食物**：昆虫、幼鼠
- **天敌**：鹰
- **寿命**：超过15年

变色

提起变色龙，小朋友们一定不陌生，它们可是动物界大名鼎鼎的变色高手。这种浑身长满鳞片的动物似乎可以随心所欲地变换肤色。

事实上，变换皮肤颜色最主要的目的不是为了伪装和藏身的需要，而是表达它们的情绪，而且也取决于气温和时间。此外，变色龙也并不能随心所欲地变换皮肤颜色。一些品种的变色龙只能将皮肤的颜色变深或变浅，而不能变换颜色。

你知道吗？

长长的舌头

许多变色龙的舌头几乎与它们的身体一样长（包括卷起的尾巴在内）。

伪装本领

变色龙真正的伪装本领是它们的行动方式。它们的行动速度非常缓慢，而且来回摇摆，就像随风摇摆的叶子一样。

变色龙的种类

最小的变色龙只有16毫米长，而最大的变色龙身长可达70厘米。一些种类的变色龙生活在灌木丛中和树上，还有一些种类生活在陆地上。生活在树上的变色龙通常个头都很大。

随心所欲的肤色

变色龙皮肤的颜色是一种表达它们情绪的语言。不同的颜色表明了它们的喜怒哀乐，甚至是攻击或交配的意愿。双方交战时，身体的颜色也会表明谁是占据上风的一方，谁又是身处劣势的一方。当变色龙年纪大了或生病时，它们的身体颜色就会变浅。

360度视角

变色龙的两只眼睛可以自由地向任何方向移动，这样它们就具有360度全方位的视角，远处的昆虫完全逃不过它们的眼睛。一旦发现猎物，它们就会以闪电般的速度，用黏黏的长舌头卷住猎物，送到嘴中。

灰林鸮

- 体长：18 ~28厘米
- 体重：140~220克
- 翅展宽度：40~60厘米
- 羽毛颜色：红棕色至浅灰色
- 栖息环境：美洲的林区
- 食物：老鼠、鼹鼠、蝙蝠、蝗虫、鱼、蛇、体形较小的鸟
- 天敌：体形较大的猫头鹰、鼬
- 寿命：超过20年

凄厉的声音

小朋友们曾在夜里听到过猫头鹰（即鸮）那令人汗毛直立的叫声吗？那声音听起来可真吓人啊。凄厉尖锐的叫声划过夜空，令人毛骨悚然，灰林鸮也因此得名（灰林鸮的德文是“Kreischeule”，其中“kreisch”有“尖锐刺耳”的意思）。

你知道吗？

飞行时寂静无声

猫头鹰的羽毛非常蓬松柔软。正是由于羽毛的这一特性，它们在飞行的过程中就不会有空气涡流出现，这样一来，它们就可以寂静无声地划过夜空。

树皮一样的“隐身衣”

猫头鹰是夜行性动物，也就是说，它们在夜间捕食猎物，在白天睡觉休息。它们的天敌包括体形较大的猫头鹰、鼬。白天为了躲避天敌的追捕，它们会一动不动地待在树上或者废弃的树洞中。

灰林鸮羽毛的颜色与树皮的颜色非常接近，所以它们能与周围的环境融为一体，从而躲开天敌的追捕。另外，在捕食老鼠、鼹鼠、蝙蝠、蝗虫、鱼、蛇和体形较小的鸟的过程中，它们羽毛的颜色也发挥了重要的作用。它们经常潜伏在树枝上，等待猎物的出现。

视觉敏锐

按照头部大小来算，猫头鹰的眼睛还是很大的。它们的眼睛对光线非常敏感，所以它们在昏暗的环境中依然能够“眼观六路”。当然，在漆黑一片的情况下，它们的好视力也发挥不了任何作用。

猫头鹰可以灵活地转动脖子，甚至可以将头转向后方。这一幕小朋友们也许已经见过了。头部能够灵活自如地活动对猫头鹰来说是非常必要的，因为它们的眼珠无法转动，眼睛只能向前看，不能向侧边看。

夜猫子

如果一个人经常在夜晚外出并迟迟不归，我们就可以说他像猫头鹰一样黑白颠倒。

不对称的耳朵

像耳朵一样贴在猫头鹰头上的其实并不是真正的耳朵，而是耳羽。所有猫头鹰的右耳要比左耳略高一些，因为两个耳朵的位置并不对称，所以声音到达两个耳朵的时间也略有偏差。这样猫头鹰可以清楚地分辨出声音来自何方。

兰花螳螂

- 体长：6~7厘米（雌性），3~4厘米（雄性）
- 体色：白色、粉红色、淡红色、浅黄色、浅绿色、浅棕色
- 栖息环境：印度、马来西亚、泰国、印度尼西亚（爪哇）热带雨林区的兰花上
- 食物：昆虫（蝴蝶、苍蝇、臭虫、甲虫）
- 天敌：哺乳动物、鸟、两栖动物、爬行动物
- 寿命：12个月（雌性），6个月（雄性）

美如兰花

兰花螳螂属于节肢动物中的螳螂科。它们静静地落在兰花上，以最完美的伪装，等候前来吸取花蜜的昆虫。

你知道吗？

灵活转动的头部

与其他昆虫不同，兰花螳螂的头部可以灵活地向各个方向转动。因此，周围的猎物都逃不过它们的眼睛。

迅速捕猎

兰花螳螂的身体颜色以及粗壮的腿使它们看起来就像一朵兰花，因此经常会有昆虫径直飞到它们身上。这时，兰花螳螂就会以闪电般的速度合上折叠刀一样的前足，然后津津有味地享受这送上门来的美餐。

眼见不一定为实

通过自己的身体形状和颜色，兰花螳螂将自己伪装成兰花。将自己伪装成另外一种形态，这种伪装方式在昆虫界非常常见，比如有的毛毛虫会将自己伪装成小树枝，有的蝴蝶会将自己伪装成树叶。

祈祷猎物的出现

兰花螳螂在等候猎物出现时，往往会屈着前腿在兰花瓣上一动不动。这一姿势看起来就像在做祈祷一样——祈祷猎物的出现。

迷惑和突袭

苍蝇经常会将兰花螳螂后腹部上的小黑点错看成是另一只苍蝇。在“同伴”的吸引下，它们就会径直飞过去。这时，兰花螳螂就会迅速出击，抓住它们。狡猾的兰花螳螂也会用同样的方法引诱体形较大的苍蝇上钩。

狐獴

- 体长：25~33厘米
- 体重：600~1000克
- 皮毛颜色：浅棕色至灰棕色
- 栖息环境：南非的热带稀树草原和半荒漠地区
- 食物：昆虫、蠕虫、蛇、小型哺乳动物、蜥蜴、动物的蛋、蝎子
- 天敌：鹰、胡狼、野狗、野猫
- 寿命：5~12年

隐藏

这种外形滑稽的小动物长着浅棕色至灰棕色的皮毛，背部有深色的横向条纹，眼睛周围分布着黑色斑块，这使它们看起来就像戴着面具一样。狐獴的耳朵和尾巴尖也是黑色的。在干燥的沙漠地带和岩石间，狐獴的皮毛颜色足以迷惑敌人，使它们可以很好地隐藏起来。

你知道吗？

可以闭合的耳朵

狐獴的耳朵可以随意闭合，这样它们在掘洞时就可以避免泥土进入耳朵。

发出警报

狐獴为群居动物，一个群落通常由3~45只狐獴组成。在每一个群落中都有一个“守望者”，当群落里其他狐獴捕猎、掘洞或晒太阳时，它则两腿站立，警觉地观察着周围的动静。

与人类接近的生活方式

狐獴的生活方式与我们人类非常相似：吃饭、睡觉、争斗、相爱、繁育并抚养后代。

躲避

面对危险时，它们通常会发出警报然后躲藏起来，而不是主动迎战。它们的天敌包括鹰、胡狼、野狗和野猫。

身手敏捷的猎手

狐獴在捕猎时身手非常敏捷。它们以昆虫、蠕虫、蛇、小型哺乳动物、蜥蜴、动物的蛋等为食。在它们的“菜单”里，甚至还有毒蝎子。在捕捉蝎子的过程中，狐獴会围着蝎子跳来跳去，并不断击打蝎子的头部，直至蝎子昏迷。然后狐獴就会用嘴拔出蝎子的毒刺，接下来就可以放心地享用美食了。

大家庭中的生活

这种体形娇小的肉食性动物喜欢群居生活。通常是几个家庭的狐獴一起生活在地洞中。群落中会有一对狐獴在危险来临时发出声响，警告其他的狐獴。

鮈杜父鱼

- **体长：** 12~16厘米
- **体重：** 15~50克
- **栖息环境：** 欧洲的河流、小溪及湖中
- **食物：** 昆虫的卵、端足目动物
- **天敌：** 鳟鱼
- **寿命：** 大约10年

大头鱼

鮈杜父鱼也叫大头鱼，这个有趣的别名源于它们大大的脑袋、宽宽的嘴巴和纺锤状光滑无鳞的身体。

完美地藏身于溪底

鮈杜父鱼生活在小溪和河里。但如果你想从小溪中看到它们，必须瞪圆了眼睛使劲儿看才行，因为它们的颜色与溪底背景色非常接近。它们喜欢躲藏在岩石下面，这样就可以躲过天敌鳟鱼的追捕了。

你知道吗？

泳技不佳，毒性十足

鮈杜父鱼并不擅长游泳，因为它们没有鱼鳔。它们的胸鳍向两侧张开，在河底呈“之”字形向前移动。虽然泳技不佳，但它们却是毒性十足，它们的鱼鳃盖上长有一根毒刺。

俗语解读

德国有一句俗语："像鱼一样沉默。"鱼沉默无声这种说法其实毫无道理。当然，鱼确实没有声带，因此不能像我们人类一样说话。但是它们的听力非常好，还能发出咕噜噜的响声。这种响声不仅可以用来和同类进行交流，还能对其他鱼类起到恐吓作用。

白天与夜晚

白天，鮈杜父鱼藏在溪底的岩石下面休息。只有在黄昏或黎明时，它们才会活跃起来，捕食昆虫的卵以及端足目动物。

产卵期

鮈杜父鱼的产卵期在每年的2~5月。在这期间，雌性鮈杜父鱼会将卵产在石头下面或水底地面上的小洞里，每次的产卵数量为100~200枚。在鱼宝宝孵出来之前，鱼卵都由鮈杜父鱼爸爸照看。

受到自然保护

如今，鮈杜父鱼已经受到自然保护了。以前这种鱼是人们餐桌上非常受欢迎的一道菜，因为它们肉质洁白、紧实、少刺，味道非常鲜美，所以导致它们的数量骤减，也因此受到保护。

缨蝠

- **体长：**3~5厘米
- **体重：**3~6克
- **体色：**灰棕色
- **栖息环境：**墨西哥、秘鲁、玻利维亚和中美洲的森林中
- **食物：**昆虫
- **天敌：**鹰、猫头鹰
- **寿命：**最多20年

隐藏专家

提到蝙蝠，小朋友们是不是觉得它们有些恐怖？毕竟它们总是出现在吸血鬼题材的小说和电影中。不要害怕，因为它们是不伤人的。它们藏身于暗处，白天休息，夜间捕猎。此外，缨蝠还是隐藏高手。它们的皮毛为灰棕色，背部有两道浅色的波浪形条纹。

与其他一些蝙蝠不一样，缨蝠不是倒挂在洞穴顶部休息，而是紧紧地贴在树干、树枝或岩石上休息。它们身体的颜色使它们能够很好地隐藏起来，看起来就像树干或岩石上长着的苔藓。

你知道吗？

蝙蝠是哺乳动物

蝙蝠不是鸟类，而是哺乳动物。蝙蝠是翼手目动物的通称。翼手目动物是唯一会飞的哺乳动物。

动物链条

大多数情况下，缨蝠都会在树干上排成一列休息。在这种“缨蝠链”的视觉影响下，树干看起来就更像布满了苔藓。起风时，它们也会来回摇晃，就好像树叶在风中摇摆一样。

会飞的老鼠?

蝙蝠的德文单词“Fledermäus”中的“Fleder”来源于“fliegen”一词，中文是“飞”的意思，“mäus”是“老鼠”的意思，从字面上来看“Fledermäus”就是指“会飞的老鼠”，但实际上蝙蝠并不是老鼠。

回声定位

蝙蝠通过回声来进行定位。它们能够发出我们人类听不到的高音频声音，这种高音频声音在遇到障碍物或其他动物时就会反射回来。蝙蝠听到反射回来的声音后，就能准确地知道障碍物或其他动物所在的位置了。人们将这种定位方式称为回声定位。

在一片漆黑中捕猎

蝙蝠并不是用眼睛而是用耳朵来“观物”，因此它们在黑暗的环境中依然能够飞来飞去捕猎，因为回声定位在光线较差的情况下仍然能够发挥作用。

窄眼夜蛾

- **成虫体长：** 大约1厘米
- **翅展宽度：** 2~3厘米
- **成虫体色：** 灰棕色至红棕色，并分布有白色、黄色和黑色的图案
- **幼虫体长：** 2~2.5厘米
- **幼虫体色：** 浅绿色至深绿色，并分布有白色和浅黄色的图案
- **栖息环境：** 欧洲，特别是杜鹃花生长的地方
- **食物：** 叶子（幼虫），花蜜（成虫）
- **天敌：** 鸟、昆虫
- **寿命：** 2个月（幼虫），2个月（成虫）

你知道吗？

长有猫头鹰眼状图案的夜蛾

一些蝴蝶及蛾子（包括窄眼夜蛾）翅膀上都有猫头鹰眼状的图案，这种眼状的图案主要是用来吓退鸟类的。

蛾如其名

窄眼夜蛾对应的德文单词为“Heidekraut-Bunteule”，这一名字可真是够复杂了，但是它却概括了这种蛾子的所有特性：“Heidekraut”是杜鹃的意思，而这种蛾子就是生活在长有杜鹃树的地方；“bunt”是彩色的意思，而这种蛾子恰好也是色彩斑斓的；“eule”是猫头鹰的意思，而这种蛾子正好翅膀上长有猫头鹰眼状的图案。

善于隐藏的幼虫

窄眼夜蛾的幼虫是名副其实的隐藏高手。当它们紧贴在杜鹃枝条上时，我们很难将其辨认出来。它们的体长可达2.5厘米，身体颜色为浅绿色至深绿色，身上布满了白色和浅黄色的斑点、线条和齿状图案，非常醒目。

俗语解读

日本有句俗语：“即使被人追捕，蛾子依旧不慌不忙。”这句俗语想表达的意思是蛾子对它们的藏身本领足够自信，即便是危险逼近时，它们也不会慌慌张张地来回乱飞。

同样善于隐藏的成虫

凭借身体的颜色和身上的图案，藏身于杜鹃花丛中的窄眼夜蛾很难被发现。它们的颜色为灰棕色至红棕色，身上布满了白色、黄色以及黑色的图案。

白天活动的夜蛾

虽然窄眼夜蛾主要是在下午稍晚一些的时候活动，但它们仍属于夜蛾。有时候它们也会在夜间活动。

叶尾壁虎

- 体长：8~30厘米
- 体重：50~70克
- 体色：绿色、棕色、黑色
- 栖息环境：马达加斯加的热带雨林中
- 食物：昆虫
- 天敌：鸟、蛇、体形较大的蜥蜴
- 寿命：约20年

“化装”成树皮的叶尾壁虎

小朋友们度假时在野外一定见过壁虎（又名守宫）。大多数情况下它们都是趴在石头上或墙壁上，然后一闪而过。但叶尾壁虎就没那么容易被发现了，因为它们可是名副其实的隐藏高手。

你知道吗？

断尾自救

叶尾壁虎和许多其他种类的壁虎一样，在遇到危险时都会断尾自救，这样就能分散敌人的注意力，从而保护自己逃之夭夭。但是不必担心，不久之后尾巴又会重新长出来。

变色高手，隐藏专家

叶尾壁虎生活在马达加斯加的雨林中。和许多其他种类的壁虎一样，它们也可以随着环境的变化而改变身体的颜色。它们的尾巴又扁又平，就像一片叶子，正是因为如此，它们才被叫作叶尾壁虎。

混淆敌人的注意

一些叶尾壁虎身上布满了痘疤，看起来就像树皮上的苔藓一样；另外一些叶尾壁虎看起来则像卷起的枯叶一般。它们整日里都头朝下地趴在树枝或树干上，它们的天敌很难发现其踪迹。

俗语解读

有一句俗语：“在壁虎生活的地方的人们都很善良。”对许多生活在热带地区国家的人们来说，壁虎就像苍蝇一样，在家里随处可见。这句俗语就是出自这些地方。

紧贴在天花板上

壁虎可以在光滑的墙上、玻璃上或天花板上迅速爬行。但是它们并没有吸盘，而是在足垫和脚趾下长有微小的腺毛，这些腺毛和墙壁、玻璃等牢牢地粘在一起。这种黏合力足以支撑壁虎在墙上或天花板上爬行。

只生活在一个地方

叶尾壁虎只生活在马达加斯加岛上，世界上其他地方都寻不到它们的踪迹。如果一种动物只生活在某一个地方，那么我们就可以说这种动物具有地方性的特点。

小苇鳽

- **体长：** 27~36厘米
- **翅展宽度：** 约55厘米
- **体重：** 140~160克
- **体色：** 黑色，并带有浅绿色金属光泽（雄性）；浅棕色（雌性）
- **栖息环境：** 欧洲、亚洲、非洲的沼泽地、泥滩地和湖边
- **食物：** 鱼、昆虫及其虫卵、青蛙、蝌蚪、蠕虫、软体动物、幼鸟
- **天敌：** 大鼠、雪鼬、偷鸟蛋的动物
- **寿命：** 最多10年

藏身于芦苇丛中

小苇鳽是最小的鹭科动物。它们喜欢藏身于湖畔或池塘的芦苇丛中。雄性背部及头顶的羽毛均为黑色，并带有浅绿色金属光泽，腹部羽毛颜色为黄色到浅红色。雌性的羽毛颜色为浅棕色，腹部有条纹。

你知道吗？

鸟叫声还是青蛙叫声？

小苇鳽的啼叫声会让人误以为是青蛙在叫，因为它们的叫声与青蛙的呱呱叫声非常接近。

拥有大长腿

鹭拥有名副其实的大长腿，所以它们在深水中也能涉水前行。在那里，它们会用自己长长的嘴巴捕食猎物。小苇鳽的脚趾也很长，所以它们可以在水面上漂浮的水生植物叶片上步履轻盈地奔跑。

便于隐藏的羽毛和木桩般的姿势

小苇鳽的胆子非常小。大多数情况下，它们都是在芦苇丛上方低低地盘旋。一旦遇到危险，它们就会迅速藏到芦苇丛中，然后伸直头颈，像木桩一样一动不动地站在那里，并随着周围的芦苇秆来回晃动。再加上接近芦苇颜色的羽毛，想要发现隐藏在芦苇丛中的它们还真不是件容易的事情。此外，它们还能以非常缓慢的速度飞行。

孵化期

雄性小苇鳽负责选取巢穴的地点。巢穴多建在芦苇丛或灌木丛中，非常隐蔽，难以发现。每年的5~7月是雌性小苇鳽的产卵期，每次产5~6枚卵。产卵之后，雌性小苇鳽便开始孵化。幼鸟在出生几天后就会飞了，大约20天后就会离开巢穴。

细羽齿舟蛾

- 成虫体长：1~3厘米
- 翅展宽度：2.5~7厘米
- 成虫体色：棕色、灰色、绿色
- 幼虫体长：大约6厘米
- 幼虫体色：颜色各异
- 栖息环境：世界各地，主要是南美洲的森林和公园里
- 食物：花蜜（成虫），叶子（幼虫）
- 天敌：鸟、昆虫
- 寿命：2~4个月（幼虫），几周（成虫）

朴实无华的蛾子

提到蛾子的近亲——蝴蝶时，出现在我们脑海中的首先是翅膀上长有花纹、色彩绚烂、异常美丽等字眼，但蛾子却往往不具备这些，它们看起来朴实无华。

你知道吗？

长有“牙齿”的蛾子

细羽齿舟蛾的前翅里侧边缘上各长有一簇竖起来的毛。翅膀展开时，这两簇毛就像两个尖尖的牙齿，它们的名字也由此而来。

俗语解读

德国有一句俗语："像9月的蛾子一样昏昏欲睡。"9月份天气通常还很热，但是夏天已经接近尾声了。蛾子已经非常疲倦、昏昏欲睡了，但仍然享受着夏日最后的美好时光。

树皮状拟态

细羽齿舟蛾的外形和颜色都非常接近树皮。当它们落在树干或树枝上时，我们很难将它们与树皮区分开来。这种拟态被称为树皮状拟态。为了使自己避开天敌，细羽齿舟蛾将自己模拟成树皮。此外，我们也很难将它们与干枯的树叶区别开来。

白天，多只细羽齿舟蛾并排栖息在树干或树枝上。它们的翅膀重叠在一起，像树皮或树叶一样，堪称完美的隐藏方式。

幼虫的多样性

细羽齿舟蛾的幼虫外形各异：一些幼虫毛茸茸的，一些则光滑无毛；一些幼虫外形非常奇特；一些幼虫背部长有突起，而一些则长有小尾巴；还有一些幼虫在蜕皮后外形完全发生了变化。这些幼虫主要生活在乔木或灌木丛中。

蛹

细羽齿舟蛾的蛹看起来也很像树皮。它们的隐藏方式和成虫的隐藏方式如出一辙。

绿海龟

- **体长：** 最长1.5米
- **体重：** 最重185千克
- **体色：** 绿棕色、深棕色
- **栖息环境：** 所有热带海域、亚热带海域以及地中海
- **食物：** 浮游生物、水草、海藻、鱼卵
- **天敌：** 无天敌（成年绿海龟），鲨鱼等肉食性鱼类、海豚、巨蜥、海鸥（未成年绿海龟）
- **寿命：** 40~50年

上下不同色

绿海龟的名字来源于它们身上绿色的脂肪。背甲的颜色为绿棕色或深棕色，与大海的背景色非常接近。其腹部和背缝的颜色为浅黄色。

绿海龟腹部的颜色很像从水底向上看到的天空的颜色。绿海龟背甲的颜色和腹部的颜色能够保护它们不受天敌的侵犯。

你知道吗？

没有牙齿

海龟没有牙齿，但它们颌骨的边缘非常坚硬。就像鸟用喙一样，海龟也可以用颌骨撕开食物。

反荫蔽保护色

大海里许多其他的动物也是背部颜色较深，而腹部颜色较浅。这样从水底向上看，腹部的颜色就与天空的颜色非常接近；而从水面向下看，背部的颜色又与水底的颜色一致。

菜单

小海龟什么都吃，但它们主要以浮游生物和鱼卵为食，而成年海龟则更偏爱水草和海藻。

俗语解读

有句俗语："像海龟一样四处为家。"这句俗语用来形容那些在陌生的环境中也能找到家的感觉的人，因为一方面海龟随时随地都背着"房子"（龟壳），另一方面大海的每一个角落都可以是它们的家。

处于危险中的小海龟

海龟会游到岸边并在沙滩上打洞，然后将蛋产在洞中，之后再用沙子盖住洞口。但小海龟在从蛋壳中孵化出来之前，却是蚂蚁、浣熊或臭鼬等最喜欢的食物，它们会将海龟蛋从沙子中挖出来吃掉。

小海龟们几乎同时从蛋壳中孵化出来，然后它们就会从沙滩上爬回海中。在这一过程中，它们中的很多都沦为海鸥等动物的盘中餐。即便回到大海中，依然是危机四伏——鲨鱼等肉食性鱼类和海豚都是它们的天敌。

猞猁

- 体长：80~110厘米
- 肩部高度：50~70厘米
- 体重：14~37千克
- 栖息环境：北美洲、北欧、中欧以及亚洲的森林、冻原、岩石较多的灌木丛或草原
- 食物：鸟、鱼、兔子、老鼠、狍子、北山羊、羚羊
- 天敌：狼、狼獾、棕熊
- 寿命：10~15年

你知道吗？

长着短尾巴的“猫”

与其他猫科动物不同的是，猞猁的尾巴很短。黑色的尾端也是猞猁的特征。

难辨踪影

在森林的灌木丛中，我们很难发现猞猁的踪迹。当危险逼近时，比如有人靠近时，它们对自己的绝妙隐藏技术非常有信心。它们一动不动、沉寂无声地趴在灌木丛中，希望不会被敌人发现，而一旦暴露，它们就会迅速逃离。

在藏身的过程中，猞猁皮毛的颜色发挥了很大的作用。它们皮毛的颜色从沙黄色到红棕色，再到灰色。通常皮毛上会布有斑点。有了这身“隐身衣”，猞猁就能很好地藏身于枝丫之间了。

捕猎

猞猁是善于隐藏和等待的猎手。它们会耐心地观察，直至绝佳的机会出现，然后就会以闪电般的速度冲出去。它们的食物包括鸟、鱼、兔子、老鼠、狍子、北山羊和羚羊。

繁殖后代

猞猁喜欢独来独往。只在每年的2月和3月的交配期，公猞猁和母猞猁才会生活在一起。母猞猁会在5月或6月产下1~4只小猞猁。

像猞猁的耳朵一样敏锐

猞猁的听力非常敏锐。它们的两个耳尖上分别长有黑色簇毛，看起来就像天线一样。这些簇毛能帮助猞猁更好地接收声音并确定声音的方向。猞猁能听到65米远处老鼠在草丛中窸窣作响。

“穿着靴子”的猞猁

猞猁也生活在大雪覆盖的寒冷山区，因为严寒和大雪对它们来说不算什么。它们的腿很长，宽大的爪子上长有又长又密的毛，这样它们在厚厚的积雪上移动时，就像穿了靴子，不容易陷到雪中。它们身上厚厚的皮毛能够帮助它们抵御严寒。

加蓬蝰蛇

- 体长：1.3~2米
- 体重：最重10千克
- 体色：身上布有浅黄色、灰绿色、红棕色的花纹
- 栖息环境：西非和中非的森林中
- 食物：啮齿目动物、猴子、鸟、青蛙、蜥蜴
- 天敌：在自然界中没有天敌
- 寿命：10年
- 特征：有毒

狡猾的蛇

说到蛇，你会想到什么呢？在许多故事中，蛇都是以阴险狡诈的形象出现的。加蓬蝰蛇也不例外，它们藏身于落叶之中，等待伏击猎物。它们经常会一动不动地趴在原地，甚至能够坚持几小时，但猎物一旦出现，它们就会迅速出击。

你知道吗？

长长的毒牙

加蓬蝰蛇有毒。它们的毒牙也是所有毒蛇中最长的，可以长达5厘米。

善于隐藏

加蓬蝰蛇身上布满了浅黄色、灰绿色、红棕色的马赛克状花纹，极具特色。这样的花纹可以使它们很好地藏身于落叶之中。它们的头部扁平，呈三角形，头顶颜色为奶油色。它们是世界上最粗、最长的毒蛇之一。因为它们善于隐藏，同时也能很好地进行防御，所以它们在自然界中没有天敌。

俗语解读

“用分叉的舌头说话（德文为：Mit gespaltener Zunge reden）”，这句德国俗语和蛇有点儿关系，其中“gespaltener Zunge”就是指蛇分叉的舌头。这句俗语的引申意思为口是心非。自夏娃与亚当的故事开始，蛇就是以说谎者的形象出现的。

蛇的感官

蛇没有耳朵。它们虽然听不见，但却能够感受到地面上任何细小的震动。它们嗅觉灵敏，但视力却很差。另外它们在闻味儿时，不是靠鼻子，而是靠舌头。

不会产卵

加蓬蝰蛇不是卵生动物，而是卵胎生动物。幼蛇出生时体长在24~27厘米，体重在30~40克。加蓬蝰蛇最多一次能产40只幼蛇。

灰松鼠

- **体长：** 最长30厘米
- **尾长：** 20厘米
- **体重：** 400~710克
- **体色：** 银灰色至黑灰色
- **栖息环境：** 美国、英国、爱尔兰和意大利的森林、公园和花园中
- **食物：** 坚果、浆果、叶芽、昆虫和蘑菇
- **天敌：** 鹰、鼬科动物
- **寿命：** 6~15年

红松鼠的“亲戚”

灰松鼠是红松鼠的“亲戚”。冬天红松鼠耳部会有两簇毛，而灰松鼠却没有。此外，灰松鼠的个头比红松鼠要大。

你知道吗？

“诡计多端”的松鼠

松鼠在秋天就开始找地方藏食物，以备冬日之需。在这一过程中，它们经常会用计骗过其他动物。当它们觉得有其他动物在观察自己时，就会扔下空空的储物洞逃走。松鼠的储物洞中至少有五分之一是空无一物的。

灰色的隐身衣

大多数情况下，灰松鼠都藏身于森林的下层林丛中，但它们却将窝搭在树枝上或者树洞中。当它们从树上下来时，很难被别人发现，因为它们的皮毛颜色与树皮的颜色非常接近，起到了很好的掩饰作用。

俗语解读

德国有一句俗语与松鼠有关，即“Mühsam ernährt sich das Eichhörnchen”，字面意思是松鼠艰难度日，延伸意思指一项工作进展缓慢，一步步慢慢实现目标，就像松鼠（当然也包括灰松鼠）一样，遗忘了很多自己储存食物的地方，所以冬天只能辛苦地重新再去找食物。

身手敏捷的啮齿动物

与其他松鼠一样，灰松鼠也有一条蓬松漂亮的大尾巴。松鼠在跳跃的过程中要靠这条大尾巴控制方向和维持平衡。当被敌人发现时，松鼠会凭借自己敏捷的身手逃走。

灰松鼠“大战”红松鼠

以前灰松鼠的生活范围仅限于美国，但是后来人们把它们带到了欧洲。在英国，灰松鼠和当地的红松鼠展开了食物争夺战。因为灰松鼠繁殖速度更快，而且个头更大，能够储备更多的食物，所以很快就在争夺战中占据了优势。如今，英国境内的红松鼠数量已经很少了，而灰松鼠的数量则颇为可观。

直伸肖蛸

- **体长：** 10~12毫米（雌性），6~9毫米（雄性）
- **体色：** 身体颜色为浅黄色至浅绿色，腿部颜色为棕色
- **栖息环境：** 世界各地的水域、沼泽地或森林湿地附近
- **食物：** 昆虫
- **天敌：** 以昆虫为食的动物（鸟等）
- **寿命：** 2~3年

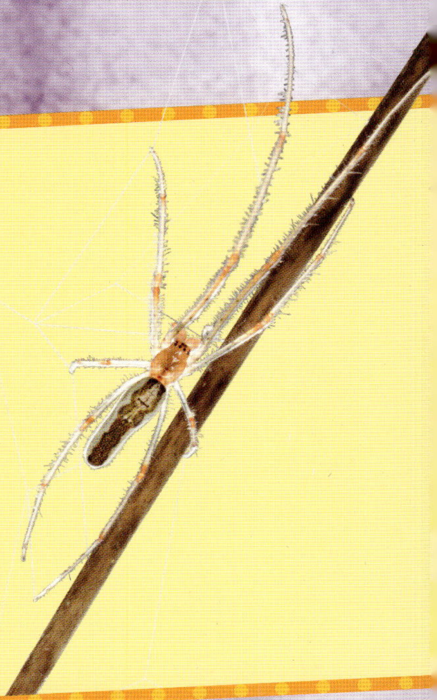

呸，蜘蛛！

你害怕蜘蛛吗？或者觉得它们很恶心？你的答案可能是肯定的，但不是你一个人这么认为。许多人见到蜘蛛时，都是这个反应。但实际上很多蜘蛛对人类都是没有伤害的。

科学家猜测，面对与自己外形差异非常大且移动速度特别快的动物时，人类会表现出异常的恐惧，因为这类动物令人捉摸不透。

你知道吗？

辨识标志

只有蜘蛛才有8条腿。通过腿的数量我们就可以将蜘蛛和其他动物区别开来。直伸肖蛸甚至可以凭借又长又细的腿在水上奔跑。

结网不仅是为了打发时间！

蜘蛛结网不仅仅是为了打发时间，更重要的是为了捕捉昆虫，比如苍蝇。蜘蛛网对于结网蜘蛛捕食猎物而言至关重要。

伸展身体，藏好自己

直伸肖蛸属于结网蜘蛛，也就是说它们会结网。它们的腹部又长又细，形状像一根小棍子。遇到危险时，它们会将身体伸直，前腿向前伸展，后腿向后伸展。这样一来，它们就可以很好地藏身于叶子或枝茎后面。它们浅黄色至浅绿色的体色也为它们藏身提供了便利。

等待与伏击

在距离地面或水面很近的地方，直伸肖蛸会在植物枝茎之间结出一个个小小的圆网。作为伏击者，捕猎时，它们会伸展身体，隐身于叶片或枝茎的下方耐心等待，直到猎物闯入网中。

剃刀鱼

- 体长：10~12厘米
- 体色：大多为黑红色或黄色，身上布有小斑点
- 栖息环境：红海和太平洋的珊瑚礁中以及水草中
- 食物：小型甲壳类动物
- 天敌：肉食性鱼类
- 寿命：2~3年

伪装高手

剃刀鱼生活在红海和太平洋中。剃刀鱼、海龙和海马都属于海龙亚目动物。它们都是名副其实的伪装高手。

模仿珊瑚

剃刀鱼大多为黑红色或黄色，并分布有白点，当然也有许多其他颜色。此外，它们的身体上长满了突起，这使得它们看起来很像珊瑚。所以它们为了保护自己，也会将自己伪装成珊瑚。

大多数情况下，剃刀鱼两两结对，头朝下在珊瑚礁中或海藻丛中游来游去，或随着水流来回摇摆，它们的形态和颜色看起来很像珊瑚或海藻，从而起到很好的伪装作用。

你知道吗？

两个名字

剃刀鱼又叫彩点刀。

总是那么安静

剃刀鱼在面对天敌时不会选择逃跑。它们通常会尽可能地保持不动，对自己高超的伪装技术颇有信心。

俗语解读

有一句俗语："像鱼一样冰冷。" 这句俗语实际上并无道理。几乎所有的鱼都是变温动物。它们的身体温度取决于外界温度：外界温度降低时，它们的体温也会降低；外界温度升高时，它们的体温也随之升高。

终身忠诚

剃刀鱼两两生活在一起，彼此忠诚，一生不变。雌性剃刀鱼有一个育儿袋，它会将卵产在育儿袋中并对其进行孵化。小鱼孵出来之后就已经完全发育好了，立刻就可以独立生活了。

北极熊

- **体长：** 2.4~2.6米（雄性），1.9~2.1米（雌性）
- **肩部高度：** 1.6米（雄性），1.4米（雌性）
- **体重：** 300~800千克（雄性），150~300千克（雌性）
- **皮毛颜色：** 白色
- **栖息环境：** 北极地区、阿拉斯加、西伯利亚、格陵兰
- **食物：** 海象幼崽、海豹、松鼠、旅鼠、田鼠、鸟、鸟蛋、鱼
- **天敌：** 除了人类以外没有天敌
- **寿命：** 大约20年

洁白如雪

北极熊是白色的，所以在雪地里或冰面上捕食海象幼崽和海豹时能够很好地隐藏自己。它们与周围的冰雪融为一体，这样一来，它们就可以慢慢地接近自己最喜欢的食物——海豹，而不被对方察觉。

你知道吗？

蹼

北极熊是游泳高手。它们的脚趾间甚至有蹼。

不为敌人察觉

北极熊幼崽也是通体雪白，其他熊和肉食性动物很难发现它们。

透明的毛和黑色的皮

你知道吗，其实北极熊的毛根本不是白色的，而是透明的，它们只是看起来是白色的。而北极熊的皮则是黑色的，这种颜色的皮肤可以更好地储存来自阳光的热量。

不会冬眠

北极熊不会冬眠。这种肉食性动物一年到头都在辗转奔波，捕食猎物。只有怀孕的北极熊妈妈才会待在冰洞中休息。

1月，北极熊妈妈会产下1~4只幼崽。北极熊幼崽的体长为20~30厘米，体重为600~700克。刚出生时，它们几乎没有毛，眼睛看不见，耳朵也听不见。

北极熊不吃企鹅

北极熊不吃企鹅，因为企鹅生活在南极地区，而北极熊则生活在北极地区。

听觉灵敏，嗅觉极佳

北极熊的听觉非常灵敏。此外它们对气味也非常敏感，1 000米以外的海豹也逃不过它们的鼻子。

尺蛾

- **桦尺蛾体长：** 大约1厘米
- **翅展宽度：** 4~6厘米
- **桦尺蛾体色：** 白色，并分布有黑色斑点
- **幼虫体长：** 2~3厘米
- **幼虫体色：** 绿色、棕色
- **栖息环境：** 欧洲、亚洲和北美的森林中
- **食物：** 叶子（幼虫），成虫则靠消耗之前幼虫期储存在体内的食物为生
- **天敌：** 鸟、哺乳动物、昆虫
- **寿命：** 大约3个月（幼虫），2~4周（成虫）

吃不饱的小毛毛虫

小朋友们听过吃不饱的小毛毛虫的故事吗？毛毛虫在变成蝴蝶之前，会一个劲儿地吃东西。在毛毛虫的生活中就只有两件事——吃饭和睡觉。

你知道吗？

昼伏夜出的蛾子

世界上有26 000多种尺蛾，其中大多数都是夜行动物，成虫白天潜伏于枝叶间或其他暗处，夜晚活动。

完美隐身

为了保护自己不被其他动物吞食，完美的伪装和隐身对尺蛾的幼虫而言非常重要。大部分尺蛾的幼虫都是绿色的，就像它们口中的食物——叶子的颜色一样。但桦尺蛾幼虫的颜色是棕色的，所以它们看起来就像小树枝。此外，它们身上还有一个个小突起，看起来就像树枝上侧枝被折断的地方。

为什么叫尺蛾?

一拃是指手完全伸开后拇指与中指（或小指）之间的距离。当我们用拃当作尺子来测量距离时，拇指移向中指（或小指）的动作就和尺蛾幼虫前进时一屈一伸的动作非常相似。尺蛾也由此得名。

尺蛾成虫

尺蛾的成虫也是隐身高手。以桦尺蛾为例，它们白色的身体上布满了黑色的斑点。当它们静静地趴在桦树上时，我们很难将它们与树皮区分开来。尺蛾除白色的以外，还有银色的、橙色与黑色相间的、浅黄色的、浅绿色的。它们能很好地与所处的环境融为一体，从而骗过天敌的眼睛。

前进方式

尺蛾幼虫的前进方式非常有趣。它们只有3对前足和2对后足，所以在前进时，它们会将身体的后半部分移向胸前，从而身体形成一个“U”字形，之后才会向前移动。

长耳鸮

- 体长：35~37厘米
- 体重：220~350克
- 翅展宽度：大约95厘米
- 羽毛颜色：浅棕色至赭黄色，并分布有黑棕色斑点
- 栖息环境：欧洲、亚洲、北非、北美的森林边、花园、公园以及墓地里
- 食物：老鼠、小鸟、昆虫
- 天敌：鸳、苍鹰、体形较大的猫头鹰、鼬科动物
- 寿命：最长28年
- 特征：橙黄色的眼睛和发达的耳羽

夜行捕猎者

长耳鸮习惯在傍晚和夜间在开阔的地带，比如草原上或田野里捕食猎物。它们最喜欢的食物是老鼠，但也喜欢吃小鸟和昆虫。

你知道吗？

不爱新居爱旧居

长耳鸮就连筑巢都不想花力气。它们宁可用乌鸦或喜鹊遗弃的旧窝，也不愿自己搭建一个新居。

完美隐身

白天长耳鸮在树上或灌木丛中休息。它们的羽毛为浅棕色至赭黄色，并分布有黑棕色的斑点，这身“行头”为它们伪装或隐身提供了便利。长耳鸮幼鸟羽毛的颜色是浅灰色至棕色的，与巢穴的颜色融为一体，使鼬科动物很难发现它们，起到了很好的保护作用。

像猫头鹰一样聪明

在许多电影、图书和故事中，猫头鹰出现时都是戴着一副眼镜、翅膀下夹着一本厚厚的书，这一形象足以说明猫头鹰的聪明。直视前方的眼睛、上下闭合的眼睑使它们的面孔看起来很像人脸，从而给人一种充满智慧的感觉，但实际上它们并不比其他鸟聪明。

耳羽

长耳鸮的耳羽非常长，引人注目。读完前面的内容，小朋友们一定已经知道，耳羽只是看起来像耳朵，并不是真正的耳朵。它们真正的耳朵藏在羽毛下面。

长耳鸮幼鸟

长耳鸮3月底开始孵卵。它们一次产下4~5枚蛋。大约28天之后，长耳鸮幼鸟就能孵化出来了。出生后3周，它们就能在树枝上爬上爬下了。它们攀爬时动作非常灵敏。出生后5周，它们就会飞了，10周后就能独自捕食猎物了。

婆罗洲猩猩

- **体长：** 1.25~1.5米
- **体重：** 30~50千克（雌性），50~90千克（雄性）
- **皮毛颜色：** 红棕色
- **栖息环境：** 苏门答腊和婆罗洲的热带雨林中
- **食物：** 水果、花朵、花蕾、叶芽、叶子、树皮、鸟蛋、昆虫
- **天敌：** 老虎、蛇、鳄鱼
- **寿命：** 35~50年

森林居民

婆罗洲猩猩的德文名字“Orang-Utans”原意是“森林居民”。现如今，我们也就只有在苏门答腊和婆罗洲这两座岛上的热带雨林中才能看见婆罗洲猩猩的影子。这种猩猩在树枝繁密的雨林中过着与世隔绝的生活。

婆罗洲猩猩的皮毛颜色与其周围的树干和树枝的颜色非常接近，所以它们可以很好地藏身于林间树上。它们从来不会离开自己栖身觅食的森林。婆罗洲猩猩以植物为主要食物。它们喜欢吃水果、花朵、花蕾、叶芽、叶子和嫩树皮，也吃鸟蛋和昆虫。

你知道吗？

没有尾巴

也许小朋友们已经注意到了，类人猿（比如婆罗洲猩猩、大猩猩和黑猩猩）都没有尾巴。

变成猴子的胳膊了

当我们手提重物时，就会有一种胳膊被拉长的感觉，简直就要变成猴子的胳膊。婆罗洲猩猩双臂展开宽度可达2.2米，所以它们可以轻松地在林间荡来荡去。

特定音调的警告声

婆罗洲猩猩会用特定的声音骗过敌人。当它们发现了老虎或鳄鱼时，它们就会抓住树枝，捋掉上面的树叶塞进嘴中，这样一来它们发出的声音就会很低沉，听起来好像是体形更大的动物所发出的。通过这种方式，它们就能成功地吓退敌人。

蓬乱的毛发

蓬乱的红棕色毛发让大家一眼就可以认出婆罗洲猩猩。它们肩部和手臂上的毛发尤其长，一缕缕地垂下。可别小看了这蓬乱的毛发。雨水会沿着长长的毛发流走，所以即使是倾盆大雨，它们的皮肤仍然能保持干燥。虽然身上毛发蓬乱，但它们脸上却没有毛。

筑巢

婆罗洲猩猩整天都在雨林中荡来荡去，不断寻找新领地，所以它们几乎每天都要用树枝和树叶在树上搭建新的巢穴用来过夜。巢穴的直径大约为1米。

鬣蜥

- 体长：5~100厘米
- 体重：600~1000克
- 栖息环境：世界各地的草原、沙漠和森林中
- 食物：昆虫、植物、小型哺乳动物
- 天敌：鹰等肉食性动物
- 寿命：最多15年

种类繁多

作为变色龙的近亲，许多鬣蜥也会变换身体颜色。鬣蜥有400多个种类，不同种类之间差别很大。一些长着刺状鳞片，一些头部和颈部有厚厚的皮褶，还有一些则身上长有须、长有尖尖的刺状尾巴或尾巴上长有突起的皮状物。

但所有的鬣蜥身上都有鳞，而且长有一条长长的尾巴和一双非常大的眼睛。另外，它们的脑袋呈三角形。

你知道吗？

“林间飞”和“水上漂”

一些鬣蜥身怀绝技，比如飞蜥就能在树和树之间滑翔，还有一些蜥蜴甚至可以“水上漂”。

生存高手

鬣蜥的外表有助于它们进行隐藏、吓退敌人、捕食猎物以及吸引异性。鬣蜥的适应性非常强，在极端的生存环境中，比如在温差极大以及炎热缺水的情况下依然能够存活下来。

享受日光浴

鬣蜥无法使体温保持不变，所以它们会经常晒太阳，来维持正常的体温。

产卵

雌性鬣蜥在地上挖出洞穴，然后将卵产在洞中，最后再用土将洞口掩住。几个月后，鬣蜥宝宝就会从蛋壳中孵化出来。

你好，你好！

当两只雄性鬣蜥碰到一起时，较为弱小的那只就会慢慢点头示弱，而较强的一方则会快速有力地点头，借以显示自己的优势。为了吸引异性注意，雄性鬣蜥也会使劲儿点头。

生活方式

大多数鬣蜥都生活在地面上。在气候比较潮湿的地区，这种身上长满鳞片的蜥蜴多生活在树上。所有的鬣蜥都是以昆虫、植物和小型哺乳动物为食。

欧歌鸫

- 体长：20~22厘米
- 翅展宽度：大约35厘米
- 体重：60~90克
- 体色：头顶及背部为棕色，腹部为乳白色并分布有棕黑色斑点
- 栖息环境：中欧和南欧的森林、公园以及果园中
- 食物：蚯蚓、蜗牛、昆虫、浆果
- 天敌：苍鹰、雀鹰和燕隼
- 寿命：大约8年

你知道吗？

出色的“歌唱家”

欧歌鸫的近亲包括乌鸫、夜莺和红胸鸲，它们的叫声都非常婉转清脆。也许小朋友们在家里的花园中或阳台上就已经听过它们优美的歌声了。

歌声动听的鸟

小朋友们可能已经听过欧歌鸫动听的歌声了。春天日出或日落时分，它们鸣啭的声音尤为响亮。鸟如其名，欧歌鸫的叫声与乌鸫、燕雀和椋鸟可以比肩，是叫声最为动听的鸟之一。我们在森林、公园或花园中经常会遇见它们。

保护色

欧歌鸫的背部为棕色，腹部布满了棕黑色的斑点。棕色的毛羽和腹部的斑点为这种小鸟在森林中的隐身提供了便利，所以我们很难在树上发现它们。

移动方式

欧歌鸫在地面上寻找食物。蚯蚓、昆虫和蜗牛都是它们心仪的食物，当然它们也喜欢各种浆果。它们在地面上会快速移动，然后又会突然停住。

不是只有复活节彩蛋是彩色的

欧歌鸫的蛋非常特别：呈天蓝色并有黑色斑点。

繁殖方式

欧歌鸫一年产两次蛋。它们会在树上或灌木丛中搭建巢穴。雌鸟一次产下5~6枚蛋。大约2周后，欧歌鸫宝宝就孵化出来了。再过2周它们就会飞了，然后就会离开巢穴。之后它们还会在地面上跳来跳去，等待父母给它们喂食。

苔藓蛙

- 体长：3~9厘米
- 体重：20~70克
- 体色：浅绿色与黑色相间
- 栖息环境：亚洲的水域附近或山洞中
- 食物：昆虫等小型动物
- 天敌：鸟、蛇、哺乳动物
- 寿命：10年

伪装成苔藓

苔藓蛙可是名副其实的伪装高手。它们的活动非常隐蔽，善于伪装和隐藏。它们全身布满了大大小小的突起，黑绿相间的颜色更是理想的保护色。它们的颜色和皮肤上的突起很容易让人想到石头上或树干上长的苔藓。这也是它们名字的由来。

苔藓蛙的眼睛是绿色的，并布满了黑色的条纹，与它们的保护色非常匹配。

你知道吗？

奇特的叫声

苔藓蛙的叫声和我们平常见到的青蛙有所不同，它们的叫声更像是鸟叫声。

肤色的改变

苔藓蛙甚至可以改变皮肤的颜色，以适应所处的环境。在遇到危险时，它们会变成黑色。它们在水中时，颜色会深一些；而到地面上时，通常就会变成浅绿色。当它们趴在树干或树枝上时，就会和树皮的颜色融为一体，让人难以分辨。

蹦蹦跳跳的苔藓

我们也可以把苔藓蛙称为“蹦蹦跳跳的苔藓”，因为它们看起来与苔藓简直就是一模一样。当它们跳来跳去时，难免会让人觉得是苔藓在跳来跳去。

苔藓蛙幼蛙

苔藓蛙幼蛙的颜色通常都非常鲜亮。它们的背上、咽喉处和小腿处都有红色斑点，腹部是白色、浅黄绿色或深灰色的。

苔藓蛙一年就可以性成熟。雌蛙每个月能产20~70枚卵，它们通常会将卵产在露出水面的石头上或水面上方的树枝上。在气温超过20摄氏度时，被孵化出来的只有男宝宝；气温不到20摄氏度时，被孵化出来的只有女宝宝。

豹子

- 体长：90~190厘米
- 肩部高度：70~80厘米
- 尾巴长度：60~110厘米
- 体重：30~60千克（雌性），40~90千克（雄性）
- 皮毛颜色：赭色到浅棕色，分布有黑色斑点
- 栖息环境：非洲和亚洲
- 食物：羚羊、斑马、疣猪、啮齿类动物、爬行动物
- 天敌：狮子、老虎、熊、鬣狗、亚洲胡狼、非洲野狗、狼
- 寿命：12~15年

悄然无声，善于隐藏

捕猎时，豹子弓起身子慢慢靠近羚羊、斑马或疣猪。在这一过程中，它们悄然无声。它们原本显眼的皮毛颜色在高高的草丛中却成了绝好的保护色。在草茎的光影交错中，我们很难发现它们的踪迹。所以它们可以在几乎不被对方察觉的情况下靠近猎物。

你知道吗？

难以察觉

小朋友们一定已经注意到了，许多动物身上都布满了斑点或条纹。通过身上的特殊图案及与周围环境相一致的皮毛颜色，它们可以很好地融入到周围的环境中而不被察觉。这种隐身方式叫作拟态隐身。

灵活如猫

豹子身体的柔韧性非常好，它们动作灵敏、身姿优雅。

神奇的隐身衣

豹子皮毛的底色从赭色到浅棕色，并且从头部到尾尖全身都布满了黑色的斑点。如果仔细观察就会发现，豹子身上的斑点为圆形的玫瑰花状斑点。豹子的面部下半部分、颈部下方、四肢内侧、胸部以及腹部都是白色的。

强壮的攀爬者

豹子力大无比。它们通常会把羚羊或其他体形更大的猎物拖到树上，然后静静地享用美食。它们还会趴在树枝上休息和打盹儿。

黑豹

你知道吗，黑豹其实也是豹子的一种。黑豹主要生活在热带雨林中。热带雨林中，树木枝繁叶茂，光线比热带草原要弱得多，黑豹能很好地隐身在那里。

大菱鲆

- **体长：** 50~100厘米
- **体重：** 最重20千克
- **体色：** 朝下的一面为白色，朝上的一面为灰棕色或青褐色
- **栖息环境：** 大西洋、地中海、北海和波罗的海20~70米深的海水区
- **食物：** 小鱼、蟹、贝类、蜗牛
- **天敌：** 较大的肉食性鱼类
- **寿命：** 最多22年

海底的隐身大师

大菱鲆又叫多宝鱼，是一种身体扁平近似圆形的鱼。身体朝下的一面（即身体右侧）为白色，身体朝上的一面（即身体左侧）为灰棕色或青褐色，与其所处环境的颜色非常接近。它们的身体左侧没有鳞，而是布满了骨质突起，看起来就像小石头一样。

你知道吗？

长在一侧的眼睛

大菱鲆的两只眼睛都长在身体的左侧（即身体朝上的一面），所以当它们静静地躺在海底时，依然能够做到眼观八方。大菱鲆的眼睛可真是实用啊！

捕猎

大菱鲆是肉食性鱼类。它们平躺在海底，耐心地等待猎物从身边经过。有时它们甚至会钻到松软的沙子下面，即便是它们的天敌也很难发现它们。

像比目鱼一样又扁又平

这种说法适用于大菱鲆。比目鱼和大菱鲆都属于鲽形目鱼类。

从圆形的卵到扁平的鱼

每年的4~8月是大菱鲆的产卵期，产下的卵在水中自由漂浮。10天之内，幼鱼就会被孵化出来。幼鱼主要以水中的浮游生物为食。

会移动的眼睛

刚孵化出的大菱鲆幼鱼跟普通鱼类的样子非常相似，眼睛对称地长在头部两侧。当它们大一些时，它们一侧的眼睛就开始“搬家”挪到身体的另一侧了。而且它们的泳姿也开始发生变化。跟所有的鲽形目鱼类一样，大菱鲆的背鳍和臀鳍绕着身体一圈，所以它们会像波浪一样向前游动。

树懒

- 体长：约50厘米（三趾树懒），约75厘米（二趾树懒）
- 体重：约5千克（三趾树懒），约9千克（二趾树懒）
- 皮毛颜色：棕色
- 栖息环境：中美洲、南美洲的热带雨林的树冠上
- 食物：叶子、水果、花蕾及叶芽
- 天敌：老鹰、蛇、肉食性猫科动物
- 寿命：最多40年

群居“宿舍”

小朋友们身上长过虱子吗？如果长过，那你们一定知道有多痒了。而这对树懒来说是再正常不过的了。雨季时，树懒的毛发中会长出绿色的藻类。连蝴蝶都会在树懒的毛发中产卵，蝴蝶的幼虫可以从藻类中汲取养料。

你知道吗？

上厕所

树懒每周从树上挪到地面上一次，目的就是为了上厕所。拉完粪便后，它们还会挖个小洞把粪便埋起来。

保护色

树懒身上的绿藻使它们的皮毛看起来略泛浅绿色的光，这就为生活在热带雨林中的这种哺乳动物提供了绝好的保护色。树懒、藻类、蝴蝶以及蝴蝶的幼虫共同生活在一起，各取所需，和睦共处。

蜗牛般的速度

树懒每分钟最多向前移动2米。但这样慢吞吞地也有好处，因为它们的天敌，比如老鹰或蛇，对幅度大的动作比较敏感，而树懒移动时慢得就像蜗牛一样，所以它们的天敌根本就不会注意到它们。

像树懒一样懒

大多数时间中，树懒都在睡觉。它们每天要睡15~20小时。

倒着的世界

树懒头朝下倒挂在热带雨林的树梢上。它们睡觉、吃饭、移动都是头朝下倒挂在树上进行的。它们镰刀状的爪子锋利无比，是它们攀爬和固定的好工具。

湾鳄

- 体长：5~7米（雄性），3~5米（雌性）
- 体重：约240千克或更重
- 体色：灰色、棕灰色到深绿色
- 栖息环境：亚洲、澳大利亚的河流及沼泽地中
- 食物：鱼、两栖动物、哺乳动物、鸟、腐尸
- 天敌：无（成年湾鳄），巨蜥、鳄鱼、肉食性鱼类（湾鳄幼崽）
- 寿命：大约70年

恐龙和鸟类的“亲戚”

湾鳄和所有如今存活于世的鳄鱼都属于主龙类。主龙类还包括已经灭亡的恐龙和现代鸟类。湾鳄是世界上现存的最大鳄鱼，紧随其后的是尼罗鳄。

你知道吗？

湾鳄名字的由来

湾鳄的眼睛到嘴巴处有两道骨嵴（德文为“Leisten”），这也是它们之所以得名的原因（湾鳄德文为“Leistenkrokodil”）。

善于隐身

湾鳄最喜欢在河流的入水口处和沼泽地中停留。在这些地方它们可以很好地藏身于水中，只将鼻孔露在外面用以呼吸。它们会一动不动地待在水中，所以人们很容易将它们与漂浮在水面上的树干搞混。

快如闪电

当其他动物感觉口渴而靠近水边时，湾鳄就会迅速做出反应。当有动物涉水过河时，湾鳄也能清楚地感受到水的流动。湾鳄不仅仅在水中快如闪电，在地面上也毫不逊色。它们可真是一种危险的动物。

鳄鱼的眼泪

“鳄鱼的眼泪”是指伪善者流下的虚伪的眼泪。其实鳄鱼根本就不会流眼泪。所谓的眼泪，其实是它们的眼睛分泌的一种液体，这种液体能起到清洁和润滑眼睛的作用。因为鳄鱼在吞食猎物时会流下“眼泪”，所以以前人们曾误以为它们是在可怜猎物。

淡水还是海水？都可以！

湾鳄又叫咸水鳄，其他鳄鱼只能在淡水中生活，而只有湾鳄既能在淡水中又能在海水中生活。它们的舌头表面长有特殊的腺体，可以将海水中的盐分排出。

部分生物专业词汇释义表

两栖动物： 两栖动物是指既能在陆地上又能在水中生活的脊椎动物。大多数两栖动物的幼体都生活在水中，经变态发育后，成体可生活在陆地上。青蛙、蛤蟆、蝾螈等都属于两栖动物。两栖动物的皮肤裸露，表面没有鳞片覆盖。两栖动物几乎都会产卵。

猎物： 大多是指那些会被肉食性动物（比如狮子或狐狸）猎杀并吞食的草食性动物（比如羚羊或兔子）。

耳羽： 许多种类的猫头鹰头部都长有长长的羽毛，非常显眼，看起来就像耳朵一样，但其实并不是真正的听力器官。有人认为，猫头鹰的耳羽可以用来表达情绪，比如当它们情绪激动时，就会竖起耳羽。

天敌： 某种动物（比如狐狸）捕食另一种动物（比如兔子），前者即是后者的天敌。

反荫蔽保护色： 通常鱼和鸟的背部颜色要比腹部颜色深。在空中或水中时，它们都会受到来自上下两个方向的威胁。它们的腹部颜色较浅，这样从下向上看时，它们的颜色与天空的颜色非常接近，很难辨认。而它们的背部颜色较深，很好地与地面或水底融为一体，位于它们上方的天敌也很难发现它们。

昆虫： 所有的昆虫都有6条腿，其中许多都长有翅膀。一些昆虫还会经历变态过程。

珊瑚/珊瑚虫： 虽然珊瑚虫看起来更像是某种神秘的植物，但实际上它们是生活在海底的腔肠动物。我们平时看到的珊瑚实际上是珊瑚虫的骨骼。珊瑚虫能够分泌一种石灰质物质，形成它们身体的组成部分——外骨骼。珊瑚虫死后尸体腐烂，留下骨骼，它们的子孙会在它们的骨骼上继续繁殖。这些骨骼越堆越多，形成枝杈，随着时间的推移，最终形成珊瑚礁。

变态发育： 变态发育是指动物从幼体变为成体的过程，在这一过程中动物的形态会发生本质的变化。比如，毛毛虫变成蛹，再变成蝴蝶；蝌蚪变成青蛙。

拟态： 拟态是指动物模仿周围某种物体的形态、颜色或姿势，从而使其天敌无法将它们与周围的环境区分开来的现象。

浮游生物： 浮游生物指悬浮在水中并随水流而移动的微小生物。许多动物，比如鸭子或一些鱼类，都以浮游生物为食。

毛毛虫： 人们将蝶类和蛾类的幼虫称为毛毛虫。

爬行动物： 与两栖动物不同，爬行动物体表覆盖有起保护作用的鳞片或甲壳。鳄鱼、蛇、乌龟、蜥蜴等都属于爬行动物。

哺乳动物： 所有哺乳动物都有一个共同点，即母体会给幼仔哺乳。交配之后，幼仔会在母体内生长发育。在妊娠期最后一刻，母体会将发育成熟的幼仔分娩出来。幼仔出生后，母体会用乳汁哺育幼仔。

热带稀树草原： 又称萨瓦纳群落。这里生活着狮子、斑马、大象、犀牛、羚羊、角马、长颈鹿等许多动物。

鱼鳔： 鱼鳔是鱼身上一个填满空气的薄囊。鱼鳔可以辅助鱼在水中升降，确保鱼可以漂在水中。如果没有鱼鳔，鱼就必须时刻保持游动状态，这样才不会沉到水底。

小测试

1. 动物为什么要伪装隐身？（有两个正确答案）
a. 为躲避天敌
b. 为捕食猎物
c. 因为它们喜欢

2. 为什么有些动物身上布满了显眼的条纹或斑点
a. 可以很好地隐身于自然环境中
b. 可以借以吸引异性
c. 从远处看起来很好看

3. 什么是拟态？（有两个正确答案）
a. 动物模仿某种植物或石头的形态
b. 动物看起来像另外一种动物
c. 某种植物或石头看起来像某种动物

4. 蜘蛛有几条腿？
a. 4条
b. 6条
c. 8条

5. 北极熊生活在哪里？
a. 北极
b. 南极
c. 雨林

6. 眼镜猴属于哪种动物？
a. 猴子
b. 蜘蛛
c. 鱼

7. 窄眼夜蛾是什么动物？
a. 猫头鹰
b. 蛾子
c. 螳螂

8. 壁虎为什么能在墙壁上和天花板上爬行？
a. 它们的足底长有吸盘
b. 它们的足底长有微小的腺毛
c. 它们的足底有胶水

9. 哪种猫科动物身上长有起伪装作用的斑点？（有两个正确答案）
a. 猞猁
b. 豹子
c. 狮子

10. 细羽齿舟蛾的“牙齿”长在哪里？
a. 嘴巴里
b. 翅膀上
c. 头上

11. 狐獴的什么部位会闭合？（有两个正确答案）
a. 耳朵
b. 鼻孔
c. 眼睛

12. 婆罗洲猩猩的德文名字“Orang-Utans”的原意是？
a. 人猿
b. 树上居民
c. 森林居民

13. 变色龙的舌头有多长？
a. 和它们的头一样长
b. 和它们的身体（不含尾巴）一样长
c. 和它们的身体（含尾巴）一样长

14. 猞猁以下哪一方面非常强？
a. 视力
b. 听力
c. 嗅觉

15. 树懒每天睡多少小时？
a. 5~10小时
b. 10~15小时
c. 15~20小时

16. 下面哪个是从幼虫变化而成的？
a. 蝴蝶
b. 鸟
c. 蛇

17. 侏儒海马如何在珊瑚礁中藏身？（有两个正确答案）
a. 它们会模仿珊瑚在水流中的动作
b. 它们身上布满了小肉突
c. 它们身体的颜色与珊瑚的颜色非常接近

18. 蝙蝠是什么？
a. 老鼠
b. 鸟
c. 哺乳动物

19. 小苇鳽是什么？
a. 鹭科动物
b. 鹫
c. 鹰

20. 湾鳄生活在哪里？
a. 淡水中
b. 海水中
c. 淡水、海水中均可

答案

1. a、b。动物之所以伪装隐身，一方面是为了躲避天敌的捕食，另一方面也是为了能够更好地捕食猎物。

2. a。一些动物，如豹子、老虎、斑马等，如果从近处观看，我们会觉得它们身上的条纹或斑点非常显眼，但实际上，它们身上的条纹或斑点与所处环境能够很好地融为一体。如果从远处看，我们就很难发现它们，因为它们与周围的环境很好地融合在一起了。

3. a、b。拟态是指动物模仿周围环境中某种物体的形态。

4. c。与甲虫、蚂蚁等昆虫不同，蜘蛛有8条腿。

5. a。北极熊只生活在北极地区。

6. a。眼睛猴是猴子的一种。

7. b。窄眼夜蛾是蛾子的一种，翅膀上长有猫头鹰眼睛状图案。翅膀上“眼睛”的作用是为了吓退鸟类。

8. b。正是因为足底的微小腺毛，壁虎才能在天花板上和墙壁上健步如飞。

9. a、b。猞猁和豹子身上长有斑点，这样一来，它们就能很好地藏身于自己生活的森林中。狮子身上没有斑点，它们生活在开阔的草原地带，它们皮毛的颜色与草色非常接近。

10. b。细羽齿舟蛾的前翅里侧边缘上各长有一簇竖起来的毛。翅膀展开时，这两簇毛就像两个尖尖的牙齿。

11. a、c。狐獴在地上挖洞时会闭合耳朵，这样就不会有泥屑落入耳中。另外，狐獴的眼睛当然也可以自由闭合。

12. c。婆罗洲猩猩的德文名字“Orang-Utans”的原意是森林居民。

13. c。变色龙的舌头几乎与它们的身体一样长（包括卷曲的尾巴在内）。

14. b。猞猁的听觉非常敏锐，它们的两个耳尖上分别长有黑色簇毛，这些簇毛有助于猞猁更好地接收声音并确定声音的方向。

15. c。树懒几乎一整天都在睡觉。它们每天要睡15~20小时。

16. a。蝴蝶的幼虫会变成蛹，然后化蛹为蝶。

17. b、c。为了能很好地藏身于珊瑚礁中，侏儒海马的身体颜色与珊瑚的颜色非常接近，此外它们身上还布满了小小的肉突，使它们看起来很像珊瑚。

18. c。蝙蝠是翼手目动物，属于哺乳动物。

19. a。小苇鳽是最小的鹭科动物。

20. c。湾鳄既能生活在淡水中，也能生活在海水中，所以它们又被称为咸水鳄。

图片来源

dpa Picture-Alliance, Frankfurt: Woodfall/ Photoshot 11, 12; WILDLIFE 15, 16, 35, 36, 41 o. r., 42 o., Filmstreifen 3. v. l., 49 o. r., 53 o. r., 54 Filmstreifen 2. v. l., 55, 56, 57 u., 59, 60, 61 u., 79, 80, 82 m. l., 87, 88, 95, 96, 103, 104, 115, 116, 122 Filmstreifen 4. v. l., 130 Filmstreifen 1. v. l.; Arco Images GmbH 19, 20, 49 u., 50 u., Filmstreifen 1., 4. u. 5. v. l., 63, 64, 89 o. r., 90 Filmstreifen 1. v. l.; Wolfram Steinberg 23, 24; beyond/Tips RF 39, 40; © Hans Reinhard/OKAPIA 50 Filmstreifen 2. v. l.; chromorange 51, 52; © Manfred Pfefferle/OKAPIA 53 u., 54 Filmstreifen 3. v. l.; Zoonar 54 u.; dpa/kina 58 Filmstreifen 1. v. l.; Bildagentur-online/McP-SHU 90 Filmstreifen 4. v. l.; Hippocampus Bildarchiv 121 u., 122 Filmstreifen 2. v. l.; dpa 122 m. l.; © Dr.Frieder Sauer/OKAPIA 130 Filmstreifen 2. v. l.

www.fotolia.de: mimon 3, 4; Rey Kamensky 13 (Schattenbilder), 25 (Schattenbilder), 85 (Schattenbilder), 121 (Schattenbilder), 137 (Schattenbilder); SyB 17 (Schattenbilder); Frank Eckgold 18 Filmstreifen 3. v. l.; flugzeugfan 18 Filmstreifen 4. v. l.; Denis Rastostsenkov 22 Filmstreifen 3. v. l.; wiw 26 Filmstreifen 1. v. l.; Viktoria 29 (Schattenbilder); Noam 31, 32, 144; Lusia 33 (Schattenbilder); DIGIBILD 45 u., 46 Filmstreifen 4. v. l., 142 m.; fovito 46 Filmstreifen 3. v. l.; 007 61 (Schattenbilder); Filev 65 u., 66 Filmstreifen 3. v. l.; Florian Andronache 66 m. r.; M.R. Swadzba 69 u., 70 Filmstreifen 2. v. l.; zeamonkeyimages 71, 72, 139; Richard Carey 74 Filmstreifen 4. v. l.; Xaver Klaußner 75, 76; Peter Wey 77 o. r., 141 m.; kaz 77 u., 78 Filmstreifen 5. v. l.; Georgy Khrushchev 78 Filmstreifen 1. v. l.; Apart Foto 78 Filmstreifen 3. v. l.; Petra Kohlstädt 78 Filmstreifen 4. v. l., 78 u.; EcoView 81 u., 82 Filmstreifen 1. v. l., 126 o. l., Filmstreifen 5. v. l.; Tobias Welters 83, 84; emjay smith 90 Filmstreifen 3. v. l.; diverstef 94 u., Filmstreifen 1. v. l.; hperry 98 Filmstreifen 3. v. l.; bierchen 110 Filmstreifen 5. v. l.; Luisa 113 (Schattenbilder); Bernd Volz 114 Filmstreifen 4. v. l.; Joachim Krumm 114 Filmstreifen 5. v. l.; Volodim 117 o. r.; Juulijs 122 Filmstreifen 5. v. l.; elkgre001 125 o. r., 126 Filmstreifen 4. v. l., 140 o.; sassyphotos 129 (Schattenbilder); Sergey Goruppa 129 o. r.; Thomas Neumer 133 u., 134 Filmstreifen 5. v. l.; Alexander Wurditsch 137 u.

www.istockphoto.com: OGphoto 10 u., Filmstreifen 1. v. l.; andnyg 22 o., Filmstreifen 5. v. l.; John Pitcher 82 Filmstreifen 3. v. l.; Henrik Larsson 102 o. r., Filmstreifen 5. v. l.; Katerina Novakova 117 u., 118 Filmstreifen 5. v. l.; Andrew Howe 118 Filmstreifen 1. v. l.

www.shutterstock.com: ajt 5 o. r.; p.schwarz 5 u., 6 Filmstreifen 3. v. l.; Peter Reijners 6 Filmstreifen 5. v. l.; Jean Laurent Tari 7, 8; Steve McWilliam 9 u., 10 Filmstreifen 5. v. l.; MarkMirror 10 Filmstreifen 3. v. l.; alslutsky 10 Filmstreifen 4. v. l.; Mayskyphoto 14 o.; Jason Cheever 14 Filmstreifen 3. v. l.; Max Allen 14 u.; tongdang 17 o. r., 18 u., Filmstreifen 1. v. l., 142 m. l.; Stubblefield Photography 22 Filmstreifen 1. v. l., 27, 28; Teguh Tirtaputra 22 Filmstreifen 4. v. l.; Matthias Schmitt Filmstreifen 4. v. l.; Efired 29 o. r., 30 Filmstreifen 4. v. l., 140 u.; Khoroshunova Olga 29 m. r., 30 Filmstreifen 2. v. l.; Edwin Verin 30 u.; Isabella Pfenninger 34 Filmstreifen 5. v. l.; Emir Simsek 37 (Schattenbilder); Cynthia Kidwell 38 u., Filmstreifen 5. v. l.; artcphotos 38 Filmstreifen 1. v. l.; Pitroviz 41 (Schattenbilder); Roger Meerts 42 m. l., Filmstreifen 1. v. l.; Dobermaraner 42 Filmstreifen 4. v. l.; Pyshnyy Maxim Vjacheslavovich 43, 44; beta757 45 (Schattenbilder); Roman Kolbabek 46 o. l.; AnetaPics 46 m. r., Filmstreifen 2. v. l.; Naas Rautenbach 46 Filmstreifen 1. v. l.; Undersea Discoveries 47, 48; Brian Lasenby 54 Filmstreifen 5. v. l.; John Carnemolla 61 o. r., 62 Filmstreifen 5. v. l.; Andjelka Simic 65 (Schattenbilder); Razvan-Zinica 65 o. r., 66 Filmstreifen 2. v. l., 142 u. r.; Florian Andronache 66 o. l., Filmstreifen 4. u. 5. v. l.; iliuta goean 66 Filmstreifen 1. v. l.; hagit berkovich 67, 68; Buquet Christophe 70 Filmstreifen 4. v. l.; PhotoHouse 77 (Schattenbilder), 97 (Schattenbilder); Ivan Kuzmin 81 o. r., 82 Filmstreifen 2. v. l.; Rick Wylie 86 m. r.; Stubblefield Photography 86 Filmstreifen 2. v. l., 91, 92; Christian Musat 89 u., 90 Filmstreifen 2. v. l.; Martin Fowler 90 u., 101 u., 102 Filmstreifen 3. v. l.; Anita Gilden 97 o. r., 98 Filmstreifen 5. v. l.; Uryadnikov Sergey 97 u., 98 Filmstreifen 1. u. 4. v. l., 98 u., 140 m.; Sergey Skleznev 98 Filmstreifen 2. v. l.; Tyler Fox 99, 100; chinahbzyg 102 m. l., Filmstreifen 1. v. l.; peter_krejzl 105 o. r., 106 Filmstreifen 1. v. l.; Emir Simsek 105 (Schattenbilder); Mircea BEZERGHEANU 105 u., 106 Filmstreifen 4. v. l.; Geanina Bechea 106 o. l., Filmstreifen 2. v. l.; Menno Schaefer 106 m. r., Filmstreifen 3. v. l.; David Kay 106 Filmstreifen 5. v. l.; Peter Wollinga 107, 108; arbit 109 (Schattenbilder); Ronald van der Beek 109 o. r., 110 Filmstreifen 2. v. l.; Matej Hudovernik 109 u., 110 Filmstreifen 1. u. 3. v. l., 141 o. l.; gualtiero boffi 110 Filmstreifen 4. v. l.; Mike Tan C. T. 110 u.; vicspacewalker 111, 112; fototechnic 117 (Schattenbilder); l i g h t p o e t 118 Filmstreifen 3. v. l.; Vishnevskiy Vasily 118 Filmstreifen 4. v. l.; alslutsky 119, 120, 121 o. r., 122 o., Filmstreifen 1. u. 3. v. l.; Sergey Khachatryan 123, 124, 143; Sarah Nicholl 125 (Schattenbilder); Hedrus 125 u., 126 Filmstreifen 2. v. l.; Eric Gevaert 126 m. r.; Stu Porter 126 Filmstreifen 1. v. l.; Ewan Chesser 126 Filmstreifen 3. v. l.; marchesini62 127, 128, 130 Filmstreifen 4. v. l.; Nestor Noci 131, 132; worldswildlifewonders 133 o. r. 134 o. r., Filmstreifen 2. u. 3. v. l., 142 o. r.; Viktorya170377 133 (Schattenbilder); Matthew W Keefe 134 u., Filmstreifen 1. v. l.; 7877074640 134 Filmstreifen 4. v. l.; dirkr 135, 136; EcoPrint 138 Filmstreifen 4. v. l.; Johan Larson 138 Filmstreifen 5. v. l.; Mogens Trolle 138 u., 141 u.

www.pixelio.de: Uschi Dreidrucker 9 o. r.; Frank Voigt 33 u.; Udo Kasper 34 Filmstreifen 3. v. l.; Dieter Haugk 78 Filmstreifen 2. v. l.

Sonstige: Urheber: Richard Bartz, Lizenz: cc-by-sa 6 o. l.; Urheber: Daniel Ruprecht, Lizenz: cc-by-sa 6 m., Filmstreifen 1. v. l.; Urheber: Fritz Geller-Grimm, Lizenz: cc-by-sa 6 Filmstreifen 2. v. l.; Urheber: adrian.benko, Lizenz: cc-by-sa 6 Filmstreifen 4. v. l.; Urheber: Svdmolen, Lizenz: cc-by-sa 10 Filmstreifen 2. v. l., 102 Filmstreifen 2. v. l.; Urheber: Richard Giddins, Lizenz: cc-by-sa 13 o. r., 14 Filmstreifen 4. v. l.; Urheber: Wing-Chi Poon, Lizenz: cc-by-sa 13 u., 14 Filmstreifen 2. v. l.; Urheber: Alan D. Wilson, Lizenz: cc-by-sa 14 Filmstreifen 1. v. l.; Urheber: Qyd, Lizenz: cc-by-sa 14 Filmstreifen 5. v. l.; Urheber: Michael Gäbler, Lizenz: cc-by-sa 17 u., 18 Filmstreifen 2. v. l.; Urheber: Sandilya Theuerkauf, Lizenz: cc-by-sa 18 Filmstreifen 5. v. l.; Urheber: Steve Childs, Lizenz: cc-by-sa 21 o. r., 22 Filmstreifen 2. v. l.; Urheber: O.J.Brett, Lizenz: cc-by-sa 21 u., 22 u. l.; Urheber: Holger Gröschl, Lizenz: cc-by-sa 25 o. r., 26 Filmstreifen 3. v. l.; Urheber: Unugmax, Lizenz: cc-by-sa 25 u., 26 Filmstreifen 5. v. l.; Urheber: Manfred Heyde, Lizenz: cc-by-sa 26 o. l.; Urheber: Viridiflavus, Lizenz: cc-by-sa 26 o. r.; Urheber: böhringer friedrich, Lizenz: cc-by-sa 26 Filmstreifen 2. v. l.; Urheber: Kog Leng Yeo, Lizenz: cc-by-sa 30 Filmstreifen 1. v. l.; Urheber: Sakurai Midori, Lizenz: cc-by-sa 30 Filmstreifen 3. u. 5. v. l.; Urheber: M.arunprasad, Lizenz: cc-by-sa 33 o. r., 34 Filmstreifen 1. v. l.; Urheber: J.M.Garg, Lizenz: cc-by-sa 34 o.; Urheber: Benjamin Klingebiel, Lizenz: cc-by-sa 34 Filmstreifen 2. v. l.; Urheber: JialiangGao, Lizenz: cc-by-sa 34 Filmstreifen 4. v. l.; Urheber: Bernard Gagnon, Lizenz: cc-by-sa 34 u.; Urheber: Wolfgang Wander, Lizenz: cc-by-sa 37 o. r., 38 Filmstreifen 3. v. l.; Urheber: Dick Daniels, Lizenz: cc-by-sa 38 Filmstreifen 2. v. l.; Urheber: Greg Hume, Lizenz: cc-by-sa 38 Filmstreifen 4. v. l.; Urheber: Luc Viatour, Lizenz: cc-by-sa 41 u., 42 Filmstreifen 2. u. 5. v. l., 130 u., Filmstreifen 5. v. l.; Urheber: Sara&Joachim, Lizenz: cc-by-sa 45 o. r., 46 Filmstreifen 5. v. l., 141 o. r.; Urheber: Hans Hillewaert, Lizenz: cc-by-sa 50 Filmstreifen 3. v. l.; Urheber: Felineora, Lizenz: cc-by-sa 54 Filmstreifen 1. u. 4. v. l.; Urheber: James K. Lindsey, Lizenz: cc-by-sa 57 o. r., 58 Filmstreifen 2. u. 4. v. l., 142 u. l.; Urheber: Accipiter (R. Altenkamp, Berlin), Lizenz: cc-by-sa 58 u., Filmstreifen 3. u. 5. v. l.; Urheber: Pierre Fleuret, Lizenz: cc-by-sa 62 Filmstreifen 3. u. 4. v. l.; Urheber: Brian Gratwicke 62 Filmstreifen 1. v. l.; Urheber: Olaf Leillinger 70 Filmstreifen 1. v. l.; Urheber: M. Kunz, Lizenz: cc-by-sa 70 Filmstreifen 3. v. l.; Urheber: Lilly M, Lizenz: cc-by-sa 70 u., Filmstreifen 5. v. l.; Urheber: Kulac, Lizenz: cc-by-sa 69 o. r.; Urheber: Figy, Lizenz: cc-by-sa 73 o. r.; Urheber: Brocken Inaglory, Lizenz: cc-by-sa 73 u., 74 u., Filmstreifen 2. u. 3. v. l.; Urheber: David Monniaux, Lizenz: cc-by-sa 74 Filmstreifen 1. v. l.; Urheber: Didactohedron, Lizenz: cc-by-sa 74 Filmstreifen 5. v. l.; Urheber: H. Krisp, Lizenz: cc-by-sa 82 o. r., Filmstreifen 4. v. l., 138 Filmstreifen 3. v. l.; Urheber: H. Zell, Lizenz: cc-by-sa 82 Filmstreifen 5. v. l.; Urheber: Dan Foy, Lizenz: cc-by-sa 85 o. r., 86 Filmstreifen 3. v. l.; Urheber: Jim Ferguson, Lizenz: cc-by-sa 85 u., 86 Filmstreifen 1. v. l.; Urheber: DAVID ILIFF, Lizenz: cc-by-sa 3.0 86 o. l., Filmstreifen 5. v. l.; Urheber: RickP, Lizenz: cc-by-sa 90 Filmstreifen 5. v. l.; Urheber: Chika Watanabe aus Los Altos, USA, Lizenz: cc-by-sa 93 o. r., 94 Filmstreifen 3. v. l.; Urheber: Nhobgood Nick Hobgood, Lizenz: cc-by-sa 93 u., 94 Filmstreifen 5. v. l.; Urheber: Steve Childs, Lizenz: cc-by-sa 94 o., Filmstreifen 4. v. l.; Urheber: Juuyoh TANAKA, Lizenz: cc-by-sa 94 Filmstreifen 2. v. l.; Urheber: ©entomart, Lizenz: cc-by-sa 102 Filmstreifen 4. v. l.; Urheber: Bäras, Lizenz: cc-by-sa 113 o. r.; Urheber: Miklos Schiberna, Lizenz: cc-by-sa 113 u., 114 Filmstreifen 3. v. l.; Urheber: Christian Mehlführer, Lizenz: cc-by-sa 114 u.; Urheber: Antoshin Konstantin, Lizenz: cc-by-sa 114 Filmstreifen 2. v. l.; Urheber: Chris Eason, Lizenz: cc-by-sa 114 o.; Urheber: JJ Harrison, Lizenz: cc-by-sa 114 Filmstreifen 1. v. l.; Urheber: Jude, Lizenz: cc-by-sa 118 u., Filmstreifen 2. v. l.; Urheber: Jose Luis Cernadas Iglesias, Lizenz: cc-by-sa 129 u., 130 Filmstreifen 3. v. l.; Urheber: Gunkarta Gunawan Kartapranata, Lizenz: cc-by-sa 138 Filmstreifen 2. v. l.

Published in its Original Edition with the title
Welches Tier tarnt sich hier? Tierische Tarnkünstler suchen und entdecken by Martina Rüter 2012
Copyright © Compact Verlag GmbH
This edition arranged by Himmer Winco
© for the Chinese edition: HENAN SCIENCE AND TECHNOLOGY PRESS

本书中文简体字版由北京Himmer Winco 永固興碼文化传媒有限公司独家授予河南科学技术出版社有限公司。
备案号：豫著许可备字-2015-A-00000480

图书在版编目（CIP）数据

动物伪装大师 /（德）吕特尔著；尹倩译. —郑州：河南科学技术出版社，2016.1
ISBN 978-7-5349-8068-8

Ⅰ.①动… Ⅱ.①吕… ②尹… Ⅲ.① 动物-保护色-少儿读物 Ⅳ.① Q958.12-49

中国版本图书馆CIP数据核字（2015）第301859号

出版发行：河南科学技术出版社
地址：郑州市经五路66号　　邮编：450002
电话：（0371）65788139　65788613
网址：www.hnstp.cn
策划编辑：孙　珺
责任编辑：孙春会
责任校对：张景琴
封面设计：张　伟
责任印制：张艳芳
印　　刷：北京盛通印刷股份有限公司
经　　销：全国新华书店
幅面尺寸：215 mm × 280 mm　　印张：9　　字数：200千字
版　　次：2016年1月第1版　　2016年1月第1次印刷
定　　价：49.00 元

如发现印、装质量问题，影响阅读，请与出版社联系并调换。